讓生命潛能 帶你探索心靈世界的真、善、美
Life Potential Publishing Co., Ltd

歐林光的智
Orin seri

創造金錢

協助你開創人生志業的訣竅

Creating Money

下冊

Sanaya Roman & Duane Packer◆著
羅孝英◆譯

目錄

創造金錢（上冊）

創造金錢（下冊）

推薦序——

做你所愛

王季慶

本書作者的第一本書《喜悅之道》是我引介至國內的。譯出之後吸引和擁有了一大批忠實的讀友，甚至傳送到大陸，點燃了「新時代運動」的火苗。而作者一系列著作的第二本，直截了當地稱為《創造金錢》。也許有些人會以為，新時代大師之一的「歐林」，為什麼流於凡俗和物質主義？其實，那是一般世俗對富有本質的偏見，很可惜，抱此認知便會因此貧乏一生。

書中對「富有」的定義是：擁有足夠的財富去完成你的人生志業。過猶不及，有適當數量金錢的人，不會被太多財產所拖累，他們不會把最該投入人生志業的時間和能量，用來取得或照顧他們的物質資產；他們也不會沒有錢，因而必須花很多時間和能量來求生存。

從這個角度來了解金錢和富有的價值，便是本書給讀者最大的啓發。讀這本書令我獲益匪淺，充滿喜悅，因為它填補了所謂出世靈修和入世生活之間我們所以為的鴻溝，也確實可以「以出世的心過入世的生活」。畢竟，我們要了解自己，別讓任何匱乏——金錢、精力、愛——成為我們必須與之爭戰的焦點，而能從容認識和感受自己身為人是所為何來，隨之追隨你的至樂，做你所愛，最終獲得成功。因為「成功的定義不在金錢，在快樂。成功的本質在自愛、自尊及完成自我的價值」。

歐林教我們：「直接追求有錢後你想擁有的行為、生活品質和心境，不必等先賺了錢。錢無法使生命課題和問題自動消失。你內在的需求若是沒能滿足，那麼，即便擁有再多的錢，你仍然會覺得不夠。」這就是和一般只追求財富而沒顧及內心深刻的需求大不相同之處。他要我們先辨別——金錢能滿足你哪種深層的需求，以及自己想要更常經驗的較高品質，然後就可以開始透過許多方法滿足你的那些需求，以及展現出那些品質。所以，金錢並非我們追求的最終目標，而是，當我們了解宇宙間能量流動的原理，感受到自己哪個地方能量是堵塞的，哪個地方自己吝於付出，哪個地方又愧於接受，接著轉換我們的信念，再藉信念創造出新的豐盛，財富乃成為自然的副產品。

多年來和各色各樣的人接觸，有一種人是一心追求靈性的成長，而潛意識上對金錢有負面的感受，覺得不合清高的形象，於是長年無法擺脫匱乏。還有一般大眾是只焦慮個人就業、收入等等現實的問題，總是為了獲得一些安全感，而無法放手跟隨自己的興趣和才能，這兩種人都能從《創造金錢》書中找到解答。讀歐林的書有個好處，它不只淺顯易懂，舉例生活化，並且在以新的、更深刻的、內在的說法，令你了解宇宙運行的法則之後，又教你許多實用的觀想方法，使你可以循序漸近地開創未來。

那麼，讓我再以歐林的一句話結束本文：當你對周圍的世界做有意義的貢獻，那些回送給你的能量會勝於金錢的回饋，因為它讓你的靈性成長、心門打開、慈悲增加，並活出珍貴有益的人生。

王季慶

・中華新時代協會創辦人，翻譯及引介賽斯資料、與神對話系列至國內推薦序——

畫出豐盛的生命圖像

林千鈴

「宇宙間存在著眞實的豐富，而這豐富是屬於每一個人的。」

——歐林

這不是一本人寫的書，是靈寫的，來自宇宙高靈歐林的通靈教誨。以人類充滿邏輯智性的頭腦，要相信這個事實並不容易，但是從整本書所散發的啓示，卻充滿著超越人類思考的靈性智慧，以及生命真理。

「你相信什麼，就會創造出什麼」，本書環繞著這個核心思想，從頭到尾闡釋著一個主題——每個人就是自己的創造源頭。從第一章開宗明義，闡明每一個人都是創造大師，金錢與豐富的源頭是每個人自己，任何人都能夠掌控運用感受、思想與意圖，創造出任何自己所要的豐足。

這是一個不受限制、沒有邊界，任何事都有可能的世界。人如果信任自己，允許自己擁有想要的一切，就可能成就一切，如歐林所說：「最強力、最有效的創造工具，是想像力，思想決定外在。」但是這個能夠創造實踐的思想，能創造成功豐富，也可能創造失敗匱乏，端看你選擇如何想。從每天無由的天災人禍，以及說不出道理的無常悲喜遇合中，人們真的很難在碎片斷續的遭遇中，相信富足的可能，並且接受自己是一切困頓事因的肇始者，承認自己就是創造出這些衝突痛苦的源頭。

隱藏在潛意識下的憂慮懷疑，常常使我們落入憂懼之中。但是與生俱來的，在每日來來去去的千萬個念頭裡，人總是在正負、喜怒、愛恨、喜悅與恐懼的兩極情感中擺盪，即使我們知道每一個念頭都在創造自己生命的現實，也很難維持停格在正面的創造思考中。好比計畫到台北，一會兒開向北上的高速公路，一會兒開向南，如果一直在兩個反方向上徘徊，可能永遠達不到目的地。人的心念必須經過鍛鍊才能專注，必須經過用心刻意的審查檢視，使得負責創發的心念，能夠時時保持敏感的覺察，警醒的將心念對焦在美好的意圖之上。

豐足絕對是每一個人的天賦權利，也是自己的選擇，光是信任這一個觀念，豐足的因子已經存在，豐盛必然伴隨而來。因此願意真正為自己人生的際遇負起全責，徹底的從改變自我信念來改變現實的際遇，這是生命回歸改變的開始，但靈修的路上最大的困境，在於「知道」並不等於「明白」。

這些創造的真理我們或許早已知道，也完全能接受並信任，但是信念的轉換，必須經過反覆鍛鍊才能成功，否則很容易落入日常的思考慣性，所以在本書每一個篇章之後的練習課程非常重要，只有透過練習再練習，才能夠學會掌握彰顯的力量。

彰顯是一種磁化內在觀念、願景及夢想的方法，本書將「思想」比喻成「磁鐵」，磁鐵向外吸引與內在想法相符合的物質實現，讓抽象的想像化成具體的事實。因此，在創造之始，是先想，先在心中勾畫出圖像，運用想像力，讓心像視覺化，讓心中的圖片出現未來理想的景象，愈是能夠將畫面想像得真實精確，就愈容易在現實中創造出來。

弔詭的是，所有最強大、最有力的創造，都是能夠以最高的理想與愛來創造的事，以愛與正面的態度做每一件事最能夠彰顯。

在第十九章中篇首有以下的提示：

我藉由改變自己而改變周圍的世界
我將愛與正面的態度帶進我做的每一件事
我毫不費力地，輕鬆創造想要的一切
我吸引更高的美好，它也吸引我
當我踏上我的道路，宇宙豐盛地供應我

亦即從自己的豐富擴展到每個人都豐富，當思維的範圍和其他的人們串聯，當意願豐足從自身擴大開展地將其他人一起囊括進來，想像每個人都豐足過人生，在我們當中包含了我，含量及流量更大，豐富將會從更寬更廣的路途湧進，因為宇宙的運作就是為了所有人的更大利益。任何我們所致力的事，都能夠對其他人有所助益，這就符合宇宙的本質，當創造符合了這個「愛的宇宙」真理，它即具備強大的能量，整個宇宙都會共同參與祝福，顯化這個符合人類共同豐足理想的創造實踐。

林千鈴

・蘇荷兒童美術館館長

・著有《藝術基因改造》一書。

譯者序——

通往豐盛的大門

羅孝英

《創造金錢》是一本敲碎藩籬的書，打破人們對物質成就與靈性追尋之間二元的想法。它是一本指導手冊，幫助人們踏上靈魂在地球的豐富之旅。如果《喜悅之道》是一本療癒治療師與教導教師的書，那麼《創造金錢》是為了成就實業家，化無限能量為實際效益，而豐富人間豐盛成功的一本書。

每一次細讀《創造金錢》都帶給我不可思議的人生際遇。

《創造金錢》支持我度過困頓，處理心中的恐懼。在我害怕丟掉飯碗的期間，它曾經幫助我輕鬆地銜接工作。我始終記得那個拖著一只行李箱，從這棟樓搬到相隔一條小馬路的那棟樓，隨即完成工作更換的那個早晨。第二份工作上任的前一天，是上一個工作的最後一天，對於那段支出大於收入的我而言，這是莫大的恩典。

《創造金錢》幫助人們活出自己的天命。當我在第一個職場感到山窮水盡、工作乏味，卻憚於現實不敢輕動時，之後面臨裁員能欣然接受，讓我充滿信心地去轉換跑道的就是這本書。在轉換前，我聽從內在的聲音，先休了兩個月的假，去做自己喜歡的事，幾年之後，卻發現這段時間埋下的伏筆，正引導了我踏上我的人生志業。後來因緣際會進了新的職場領域，期間讓我招致不可思議的好運和際遇的魔術，都在這本書中。我運用書中的法則，創造了許多人們不解然而我心臣服的際遇，達成一個個工作目標和理想的金錢收入。我深切明白每一個人在生活中經歷的一切，只是一個認識自己的局限而在其中轉化成長的過程。

《創造金錢》幫助人們創造靈性追求的美好經驗。本著實驗家的精神，二〇〇一年我踏上了追尋人生志業的道路。這是個大膽的嘗試，我對未來的勝算僅僅是對靈性法則的信心。這個微薄的信心在遇到挫折時自然頗受考驗。要肯定自己的天賦是有價值的，相信宇宙是友善而豐盛的，一切唯心所造，注意自己的信念和釋放小我的懷疑，遵循內在的指引，明白一切是最好的安排……為了度過困境而咀嚼這些靈性法則，我經歷許多場景，回首已過萬重山，練就的卻是一種衷心的信任和對造化的讚歎。爾後遇到許多歷練相同過程的朋友，我也能夠提供激勵別人的真實體驗。

從十多年前初讀《創造金錢》，到今年有幸參與重譯它的工作，再次細細思索歐林傳達的觀念與沐浴在他溫柔敦厚的能量空間中，新的際遇也在其中醞釀。彷彿歐林透過書中的字語，給與我們新的鑰匙，為我們開啟一道新的大門，可以通往更大的豐盛。這許多年的追尋讓我了解一個人向上的延伸愈高、愈深入，進入物質世界的開展和層面也就愈大。向上的追尋之路同時是豐盛之道。

歐林書有一種我稱為「空間矩陣」的特性，你可以讀它千百遍，卻像是讀一本新書。我衷心推薦這本書給地球的遊子，既來之，則安之，則豐盛之，讓它帶你通往豐盛的大門。

導讀——

歐林與達本向大家問候！

我們邀請各位來探索你自己和金錢與豐富之間的關連，學習用新的方式與事物打交道。金錢並非只流向某些特定或是天賦異秉之人，在你的內在，你擁有所有的答案，也具備所需的才能，足以讓自己生命的各個區域同時滿足物質與心靈的需求。

你是個有力量、了不起的人，能學習運作自己的能量，以進入宇宙無限的豐富之中。金錢的創造是可以毫不費力的——可以是你生活、思考以及行為方式的一種自然結果。你能吸引來任何你想要的東西，你能明瞭自己摯愛的夢想。這本《創造金錢》就是個創造豐富與金錢的課程，因為單單只創造金錢，並不一定能為你帶來所想要的東西。

我們（歐林與達本）是存在於較高次元的光之靈（Beings of Light），在此，以協助者及靈性老師的身分，就你個人的成長以及喚醒你內在的較高層次這些方面來幫助你。我們希望能在你原有的金錢觀念之中，再加入新的次元，以幫助你進入存在於你周圍的無限豐富之中。在本書裡，我們提供了一些想法與觀點——那些就是我們給與你的愛的禮物。我們所說的，有許多是你似乎早已聽過或是已經知道的，在此，我們鼓勵你只由衷的去接受那些打從心裡認定為事實的觀點與建議，而將那些你所無法接受的觀點釋放掉。

你或許會想：我們這些指導者（Guides）是如何得知金錢法則的，畢竟我們並非生存於物質層面——其實金錢本身就是能量，而能量則存在於所有的次元，金錢的靈性法則也就是宇宙能量創造豐富的法則：湧入與消退的原則、不受限的思維、接受與給與、感激、尊重自我的價值、清楚的協議及磁力等等都是。

豐富的意義不僅僅是指擁有東西的數量，也指擁有讓自己滿意的東西。錢可以是你豐富的一部分，錢也可以使你的生命變得更有意義。一旦你彰顯（manifesting）的技巧愈來愈好，你便可以學習有意識地去選擇自己所想要創造的東西，然後將它們吸引過來。事物、情況將會伴隨著你對它們的需求，同時來到你的生命裡。你能學會掌控金錢，而不是被金錢所掌控……透過你的掌握，對於一些你不再需要的事物、情況，便可以輕鬆又和緩地讓其離開，如此，也為接下來既合適又能滿足你需求的東西清理出空間來。金錢、人及事物將會極為自然地進出你的生命，而每一次進出，都會與你的較高目的一致，而且也都會發生在最恰當的時候。

新的時代已然來臨，而人類正逐漸覺知到超意識的實相——人類將會體驗到自己較高本性的深度、強度及開放性。在即將到來的這些時代中，你將會受到鼓舞，在每件你所創造的事物中展現出大我的特質（Higher Self 就是大我，也被稱之為靈魂、生命最深層的部分或是內在的神性）。

你會希望自己所住的地方、所買的東西、關係以及生活的形態，都能反映出自己的較高觀點及較高價值，也會在賺錢與花錢的方式中，尋求展現愛、健康、幸福、和平、活力，及內在深層覺知等等較高的品質。新的時代將會帶來大量的創意，湧入許多驚人的想法。

遵循金錢的靈性法則

保有金錢及賺取金錢的方法變了……一旦遵循了金錢的靈性法則，錢及豐富就會大量的湧進，輕鬆地保有，同時還能因而獲得較大的喜悅。當你從事你的人生志業，當你尊重、服務別人的較高善時，你就遵循了金錢的靈性法則。當你與人合作而非競爭，當每個能量與金錢的交換所涉及的一方、涉及的人，均處於贏的局面；當你賺錢、花錢或是投資的方法，都不會對地球造成傷害時，你就遵循了金錢的靈性法則。

根據自己的感覺行事，順著能量走，學會何時成為一股主動的力量，而何時則只要臣服，如此你便能融入新的能量中，與自己的大我調和一致。在操作能量時，若能注入更多的清晰、喜悅、和諧、誠實正直，相信每件事的發生都是為了你的更高善，你就能在生命中增添更多自己所要的金錢、物質，以及事物的流入。當你認出以往一些不再合宜的狀況，釋放掉它們，並且對新的機會、思想、領悟、感覺開放之後，你便會允許靈魂的較高能量通過自己，然後金錢與豐盛會來得既輕鬆又自然，不需掙扎，毫不費力。而你所創造的東西，也必然能為你帶來成長、擴展、新生以及活力。

尋找並創造自己的人生志業，會比其他任何你所採取的行動帶來更多的豐盛。人生志業涉及做自己喜愛的事，並能以某種方式為人類的較高善做出貢獻。如此，錢會變成你從事自己喜愛事物的副產品，不需多想就能輕鬆湧入。

善用自身能量吸引事物

有許多人之所以逃避自己偉大的創造、喜悅、活力之路，就是認為自己不可能經由這樣獲得足夠的金錢，而我們想要幫助你去相信，你的確能從做自己喜愛的事物中獲得豐富的金錢。我們希望你能知道，你並不需要留在不合適的工作上，我們會協助你，看如何從現在的你、現有的狀態中過渡到你想成為的樣子。這整本書就是特別告訴你，如何去開創自己道路的願景，並且吸引人生志業，我們也將展示許多能使你的較高道路運作起來的能量技巧。

不管你是否有所察覺，每個受到這本書所吸引來的人，均已在個人加速成長的路上，並且有相當多的事物可以提供給其他人類。眼前就是一個去傾聽內在訊息，並且找出自己來到這世界有什麼特別的事要去做的時候了，開始將那工作實現出來，因為這個世界十分需要它。當你為別人服務，使他們充滿能量，當你找到人生志業，做自己所喜愛而非你認為能為自己帶來金錢的事，你對金錢就會變得具有高度的吸引力。新的時代會提供給你許多的機會，讓你得以發覺並完成自己的生命目的。新的時代會支持你為實現人生志業所付出的所有努力，即使你只是朝自己的較高道路邁出小小的一步，都會為你帶來豐碩的成果與回饋。

你能學會用能量及思想而非勞力來創造自己所要的，進而產生一個任憑勞力所無法達成的結果。當你明白了能量是如何運作的，你就可以只去採行那些既不會浪費力氣，又能得到最大收穫的行動。我們將教會你如何讓自己的心智達到一種放鬆及專注的狀態，以及如何運作能量與磁力吸引事物，這些技術是非常有力量而且有用的。

你並不需要受到外在經濟或人為狀況的影響，你可以創造出個別的富裕環境，如果你願意傾聽內在的指引，並且據以行動，那麼不管周遭的經濟態勢如何，你都能做得很好。對於你需要的攸關擁有豐富的指導，我們已經都送給你了，而針對經濟衰退期所提供的指導也很充分。如果有人失業了，或是損失了許多錢，那是因為他們所從事的並不是為了自己的最高善，而像失業或是損失錢這樣的事，正好可以改變他們，使他們的人生變得更好。任何事物只要真正符合你的較高善，就不會被拿走。

迎接生命中最具創造力的時刻

這裡有兩種金錢的法則，是你會想遵循用以創造並保有金錢的：你可以用金錢的靈性法則來吸引金錢，而根據這法則所吸引來的錢，將會為你帶來你的最高善。人為的金錢法則包括了財務規劃、時間管理、現金流量的管理、市場行銷、稅法，以及商業計畫等等，舉凡能適當地幫助你明瞭，並且知道如何去運用這些已然存在的人為法則的，你都可以去學。在這本書中，我們就不再涵蓋人為法則的部分，因為在其他地方，對於這類法則已有相當充分的詮釋了。其實單獨使用金錢的靈性原則便能創造出金錢，然而不管怎樣，能了解社會上所創造出的金錢規則總是好的，對於那些人為規則，你也能感到和諧與自在。如果你對金錢的靈性法則與人為的法則都能感到和諧自在，就可以用比較少的能量來吸引、儲存，並創造出更多的金錢。

有許多人試著調和自己在靈性道路及擁有金錢上的想法。或許你想透過賺錢及花錢的方法，讓自己生命中的金錢都能反映出誠實正直、慈悲，以及對他人的愛。你能在擁有金錢之際，同時遵循自己靈性的原則。錢會因為你與靈魂智慧的一致，會因為你服務別人，將周圍的能量以更高的次序、更大的和諧以及更美麗的狀態出現。讓你的成功富裕，建立在你對這世界所貢獻的好事數量上。貧窮不見得就有較高的靈性，因為你的人生志業常常需要錢來完成。靈性的成長將會增進彰顯豐富的能力，進而有助於個人靈性工作的實現。

金錢是股巨大的力量，而你賺取累積以及花費金錢的方法，將會決定錢是否能成為一股可以為你或其他人創造好事的力量。對錢抱持新的想法很重要，這使錢能以一種可以為這星球創造出好事的力量來被使用。形式伴隨著思想，經由你對金錢抱持的新思想，你就能為自己及別人創造出金錢的新實相。每個人都是散播正面金錢觀點最有力的傳播站，能對這星球上金錢的更高視野做出貢獻。

相信恐懼不僅僅造成戰爭，也致使人類對地球過度的需索。如果每個人都能創造出豐富（豐富是每個人與生俱來的權利），人類就不會有那麼多的理由去發動戰爭或是傷害地球。新的信念會吸引來一些足以替每個人創造出豐盛的方法，一些你尚未接收到，但卻能使你接上陽光、接上無限資源的方法。宇宙的供給是無窮盡的，而以人類的技術與理解，的確有能力使星球中的每個人都有足夠的食物、保暖的衣物以及居住的地方。除非你這樣相信，否則無法親身經歷這情景——但你能由相信自己所有的需求都可能得到滿足開始。對於你所能擁有的東西，這當中是沒有任何限制的。

全力擁抱你自己創造及不受限思維的能力，同時去追求每一樣你所想要的東西。你要有彈性，要開放，並且願意讓新的事物到來。你能學會去尊重、滋養自己，你會允許自己去擁有超越自己所想的事物。我們邀請你與我們一同在較高的層面運作，我們也邀請你去要求自己所如此深切渴望的豐富，這可以是你生命中最為喜悅、富裕、最有創造力的時刻。

第三部

經營有成

第十二章

你能做你喜歡的事

你是個特殊、獨特的人，你要為世界做出有意義的貢獻。每個人的誕生都有目的。你在這裡出現是有原因的，你有個無可取代的角色要在這個星球上扮演。你在這裡要做的特殊貢獻，就是你的人生志業。當你做這個工作，你踏上你的更高道路，你的人生會充滿不斷增加的喜悅、豐盛與美好。

我做喜愛的事
金錢與豐盛自然地湧向我

找到你的人生志業，讓你輕易地創造金錢與豐盛。屬於人生志業的工作或活動，讓你把時間和能量用在做你喜歡的事情。當你愛你所做的事，你感覺活力、快樂與充實；你散發的喜悅為你吸引更多好事。你可以做不喜歡的事來賺錢，但是它會耗費你更多的努力。把時間和能量用來做你不喜歡的事情，會削減你的豐盛能量流；做你喜歡的事則輕鬆而省力地帶給你豐盛。

想想照顧植物的園丁。喜歡植物的園丁，只要有需要時就會去除草、修枝、鬆土，保護他的植物，注意最小的細節，用愛心關照每棵植物，盡一切能力，讓它們得到成長茁壯和開花結果的機會。當然，這比討厭這份工作、只在不得已的時候才照顧植物、照顧時也漫不經心的園丁而言，他的植物會更加美麗而結實累累。雖然兩個園丁都有收成，但愛植物的園丁會有更大的收穫，並享受栽種植物的樂趣與喜悅；相對地，另一個園丁則很辛苦，勉強掙扎卻只有微薄的收成。

如果你已經在做自己喜歡做的事來維持生活，你可以直接進入下個部分：擁有金錢。如果你現在想要獲得更好的職務、找到更有意義的工作、回學校讀書、開始自己的事業、在生活上創造更多令你喜悅的活動或正在尋找方法，讓你的人生志業更有效率，你可以繼續閱讀這個部分，並完成各章的遊戲練習，它們會告訴你如何運用能量輕鬆地吸引工作、事業或喜歡的活動。如果你現在無意探索人生志業，你可以直接做本章的練習「為人生志業的象徵灌注能量」，然後繼續閱讀下一個部分——擁有金錢。加能量給代表人生志業的象徵，會開始磁化的過程，為你在適當的時間吸引理想的工作。

你喜歡的活動中，就有你用來執行人生志業時需要的技能和天賦。人生志業可能有許多不同的形式。某一樣工作可能代表某段時間的人生志業，而另一樣工作代表另一段時間的人生志業。例如，某位男士的人生志業是啓發人們、並幫助人們展現他們最美好的部分，在他做服務生、廚房助理、店員和倉管人員的工作時，他總是很興奮地鼓勵別人，幫助他們找到自己的力量。

後來，他開始寫作的生涯，創作啓發人心的書，鼓勵人們達成一切可能，並活出喜悅的人生。在幾本書出版之後，他成為熱門的演説家，旅行全國各地作激勵人心的演講。他把他啓發人心的最高技能用在每樣工作上，而他的工作形式則隨著他的成長不斷改變和演化。

我要完成一項獨特不凡的貢獻

你會認出何時你在從事你的人生志業，因為那會讓你感到生氣勃勃與活力充沛，你會感覺你的生命有更大的意義，你在做一項有價值的貢獻。你的願景或目標會不斷敦促你，你感覺生活的每個部分更快樂，你的工作會讓你充分地表達你是誰；它會幫助你成長與進化。

你並不需要改變你現有的工作去做你的人生志業。你能在你的任何工作與扮演的角色上，做出有意義的貢獻；因為不管任何工作，你都可以把焦點放在如何幫助人。你可以擴散好的感覺，並用你的內在光輝碰觸每一個接觸你的人。你並不需要藉由一個職位或置身企業中，才能執行你的人生志業；你可以透過社區活動或嗜好，來展現你的人生志業。也許撫育家庭就是你的人生志業，你幫助引導孩子們的生命能量進入更高的秩序。當你的生活充滿有意義的活動時，你散發喜悅和愛，並對豐盛具有更大的磁性吸力。

你會擁有讓你實現抱負、圓滿如意的工作，感覺每日生活充滿活力，並在過程中賺取金錢。你會在支持你的環境中工作，圍繞著你喜歡的人，做你喜歡的事。當你運用你的特殊技能與天賦，你會吸引能夠讓你完全展現自我的賺錢機會，它能同時挑戰你並激發你。當你做你喜歡的事，你豐富周遭人們的生活並加光給這個世界。在人生志業的從事之中，你完成你到地球要做的事情。

你喜歡做的事情必然會以某種方式對別人提供幫助，因為宇宙本來就是當你運用最高技能時，自然會對別人產生貢獻。服務的時候，不管你做什麼，盡全力展現你的技能與天賦，你的工作或服務自然會被需要，金錢會向你流動。即使一時之間你看不到做喜歡的事能為你賺更多的錢，也要相信你的心，遵循你的更高道路，因為最後遵循更高道路會比其他的方式，讓你擁有更多的金錢與豐盛。

我所做的每件事
都為宇宙增添美麗、和諧、次序與光明

開悟來自學習把意識與知覺灌注在你做的每件事，把你周圍的能量帶進更大的和諧、美麗與秩序。做人生志業為開悟與靈性成長提供了一個途徑，因為當你愛你所做的事，你自然地把注意力與知覺灌注在你的活動之中。

你的大我透過你的感覺、想像力、渴望和夢想與你說話，它藉由引導你到覺得喜悅的事和讓你遇見你喜歡的事，來揭露你的人生志業。你的人生志業會是你思之念之、感覺有關連、熟悉或已經在做的事。它可能是你空閒時的娛樂活動，或是你告訴自己如果有更多時間和金錢一定會做的事，你的人生志業必然包括你對人類、動物、植物或地球本身要做的貢獻。

你的人生志業也可能透過你對理想人生的夢境與幻想來顯示。你可能夢想生活在大自然中、航行全世界、寫書、做音樂或藝術創作、成為體育選手、建立自己的家庭或開班授課；你可能想經營自己的事業或成為諮商顧問。

你最深的渴望和夢想來自你的靈魂，而靈魂並不受限於你現有的身分，它能看見「你是誰」的更大畫面，並知道對你而言此生可以完成什麼事，透過你對理想生活的夢想，它為你展現你的潛能與方向。不要認為你的夢想不切實際而輕易放棄，尊崇它們是來自你存在最深處的訊息，為你帶來你可以做的事情與能夠選擇的方向。

你的人生志業或許並不存在於任何現存的行業中，它可能是一個你需要開創的工作。人類正在經歷意識轉變，需要許多新的形式以容納這種更高的意識。舊有的形式正在改變，成千上萬的人將更換工作並開始新的生涯規劃。你現在在這裡出現，是為了要協助建立新的工作和結構，來支持這個新的意識。要靠你來認出新的機會，感覺需求之所在，並創造那些滿足需求的形式。當這種新意識擴散，你會感覺愈來愈強烈的衝動，去做那些帶給你和人們力量、挑戰你成長，並提供你機會將周圍的能量帶進更高秩序的工作。

我掌握自己的命運
我建構自己的人生

你有可能感覺到一種內在衝動，想改變現在做的事，去做更有意義的工作。你們很多人待在滿足感很低的工作，你也許一再更換工作，或是在同一個工作崗位服務多年，卻始終感覺少了些什麼。你也許一邊為老闆工作，一邊又總是感覺需要創造自己的工作。你也許發現，你總是向公司建議事情怎麼做更好，尋找改進工作的方法。

你可能常常聽見內在的低語告訴你，嘗試新事物的時間到了。你可能發現自己老是想著「希望有更好的工作。」或是「希望工作更有意義。」以前你喜歡的工作，也許現在變成毫無樂趣可言的例行公事，或是你因為需要錢而並非喜愛它而工作，過去做它很容易，如今卻感覺困難或無聊。如果你聽見任何這樣的內在訊息，就是該開始重新檢視你的道路的時候了。

做你喜愛的事，金錢自然地湧向你

為了開創你的人生志業，你不用覺得必須或應該去做某件你現在還沒去做的事。太把焦點放在自己身上或太逼迫自己，通常會造成抗拒而非進步。你不需要完全改變生活，你可以逐步地開創你的人生志業，一次跨出一步。

你現在正在做的事含藏你的人生志業的種子。你可以追求的是更常去表達你的特殊技能，用一些方式利用它們在現在或未來為你謀生。當你愈能經常性地去做自己喜愛的事，你會創造最高形式的豐盛——一個實現抱負、活力充沛、幸福快樂和充滿愛的人生。

❖遊戲練習——爲人生志業的象徵灌注能量

你可以吸引你的人生志業來到，方法是爲它創造一個象徵，爲這象徵灌注能量。象徵是很有力量的，因爲它們繞過所有思想和信念的系統，而代表靈魂的純淨能量。

準備

找一個讓你可以有幾分鐘放鬆和不被干擾的時間和地方，用第一章的練習「學習放鬆」來放鬆並預備自己。

步驟

1. 找一段你能獨處的時間，閉上眼睛安靜地坐著。請求你的靈魂或大我給你一個象徵，代表一條充滿最大光明的道路——你的人生志業。留意任何閃進你心中的畫面，它代表此刻你灌注能量最完美的象徵。想像你把這個象徵握在手上，看見來自靈魂的能量直接進入你的象徵，加持它。然後，想像你把這個象徵放在一座山的山頂上，並觀想一條道路連結你和山頂上的象徵。接著，看見你自己沿著這條道路愉快地行走、舞蹈著向上，把你全部的注意力放在要到達山頂這件事上。

2. 當你到達山頂，恭喜自己能專心一意地專注於目標，並且如此容易地達到它。放開你的知覺，去感受生命中的每件事都順心如意的感覺，你在一個全然滋養的環境中，充滿活力，你的最高潛力被完全地運用。拿起你的象徵，放在手上，把它放進你的心，讓它的能量、散發的光流貫你的全身，直到你的每一個細胞都和你的更高目的與人生志業和諧一致。然後你把這個象徵釋放給宇宙的更高力量，這將爲你的象徵灌注能量。

3. 當你運作你的象徵，你會吸引一些特定的想法，告訴你能夠做些什麼去完成你的人生志業。這個練習會爲你吸引特定的環境、人群和事件，讓你開始你的道路。你的意圖很重要，你的承諾也很重要。你的意圖愈強，你愈相信你的人生志業的存在，當你傾聽內在指引並付諸行動，你會體驗愈大的成功。

第十三章

發現你的人生志業

有一種發現人生志業的方式是觀察你愛做什麼，以及什麼事情你做起來很自然。留意那些你喜歡運用的技能，你的人生志業將有關於運用那些技能。一旦你認出它們，你可以專注精神多加運用，並吸引機會透過這些技能賺錢支持你的生活。你也可以找到方法把它們用在其他的生活方面，把你的所有活動都變成人生志業的展現。

每一件你喜歡做的事——每個工作、嗜好和活動——都包含特定技能的運用。你可以問自己問題來發現那些技能。你在工作上最喜歡做哪些事？你有什麼嗜好？你喜愛參與什麼社區活動？日常生活中哪些活動帶給你喜悅和活力？你對歌唱、舞蹈或藝術有興趣嗎？你對寫作、通靈、諮商或身體工作有興趣嗎？你最喜歡做什麼事——療癒、協助、教導、激勵別人？協商、管理、組織、領導、人際網絡，還是其他？你被商業技巧、金錢管理、藝術創作或科學研究方法所吸引嗎？你想發展的是創意、想像力或是觀察和歸納的能力？你喜歡操作設備、電腦、機械，還是運用數字、統計或研究結果等資訊？你想要有創意空間的工作還是喜歡直接和邏輯性的工作？你喜歡動手操作還是用聲音來工作？你喜歡和人們面對面的溝通，還是透過電話說話？安靜下來，問問自己喜歡運用的技能和自然表現的天賦是什麼。

有位女士發現，她把所有的閒暇時間都花在幫朋友剪頭髮和改善外型上。她很喜歡動手的工作，也喜歡和人們在一起。有一天她生起一個念頭——她的人生志業可以是透過改善人們的外表，來幫助人們對自己感覺更好。於是，她利用下班時間去上晚上的美容學校。最後，她能夠辭掉工作並開設自己的美髮沙龍，經營得很成功。

我尊重並運用我的特殊技能

也許你有一項最高的技能是提供諮商，你可能對於幫忙別人找尋問題的解決之道，和看見全新的視野很有本事。你可以發現一些方式能把這個能力用在任何工作上，而讓你現在更全然地從事你的人生志業；或是這些才能會引領你到某個諮商領域，而讓提供諮商成為你的全職工作。你愈有機會做自己喜愛的事，你就愈能對世界做出你要做的貢獻，而你吸引的豐盛就愈大。

有位女士很愛狗，她照顧狗的技巧，讓很多朋友外出時喜歡把狗寄養在她家。她明白她喜歡運用這些對待狗的能力勝於其他的才能，所以她開始投入犬類美容和寄養的事業。她了解自己還有另一項天賦，那就是幫助人們和他們的寵物培養更好的關係，她也發現很多機會可以這麼做。因為她愛她的工作並運用她的較高天賦，她為人們的生命帶進了很多的光，也為那些寵物的生命帶進了很多的光，而享有豐渥的生活。

人生志業的種子蘊藏在你正在做的事情當中。你可能已經發現，你的每份新工作，都用上許多你過去發展出來的能力，好像每份工作都以某種方式預備你的下一份工作。每一個你喜歡而培養的技能，對於你遵循更高道路而言非常重要。你也許並不明白，自己為何接受某份工作或開發某種特別的天賦或能力，然而你所學會的技能對你而言都有很大的價值。要相信你所做的事正幫助你培養能力，在你實現更大的人生志業時會用得上。

以杜安為例，他發現他在地質學上的工作經驗，雖然在形式上與他療癒人們的道路不同，卻用上許多相同的技能。作為一位地質學家時，他喜歡經常飛來飛去的旅行，觀察地球的活動並預測地震帶的範圍。這個工作需要用眼睛分辨和解讀地形的結構細節，並從資料中過濾哪些是重要的，哪些是無意義的。這是一樣需要相當練習才能開發的技能。有趣的是，這個技能的本質，和他以靈視力觀察人們的能量圖案的能力相當類似，它也需要對能量圖案的細節做視覺的辨認和詮釋，並且區別哪些是重要、哪些是無關緊要的資訊。

你現在正在學習在將來可能做不同運用的技能。珊娜亞以前總愛花上幾小時編織或刺繡，後來才明白這些嗜好開展了她平靜心思、達到放鬆和冥想狀態的能力，現在她把這些能力用在通靈上。

我觀照內心而非外在世界來發現我的人生志業

你無法看著外在的世界，問：「在這個世界我能做什麼？」來想出你的生命目的。要看著你自己，問：「我喜歡而想做的事情是什麼？」「什麼事吸引我？」「什麼事讓我興奮？」「什麼是我生命中學習的課題？」「什麼事讓我做起來很有熱忱？」

有一位沒有任何經驗的男士想開一家店。他用觀察什麼商店經營得不錯的方式來選擇自己想開的店，而不是他對賣什麼產品有興趣。雖然他對冰淇淋毫無經驗，也沒有興趣，他卻開了一家冰淇淋店。結果，這家店的經營對他而言並不那麼愉快，即使工作時間很長，也沒有吸引很多客户，並且很難維持損益平衡。後來他想到要求內在指引告訴他如何改善生意。於是他得到一個訊息——他必須賣他感興趣的東西。

他開始去看看他的生活，觀察他對哪些事情感到興趣和熟悉。他發現自己很愛跑步，並且總是對運動很著迷。他想起找慢跑鞋和其他裝備有多麻煩，必須跑好多家店才能買到想要的東西。於是他決定開一家跑步鞋和用品的專賣店，他在賣了冰淇淋店之後就這麼做。當時他並不清楚慢跑的風氣正要盛行。然而他的店面經營得非常成功，而他很愛自己的工作。

我擁有珍貴的技能和天賦
它們是我的財富

你有很多技能和天賦，你過去的經驗和知識是驚人的財富。回想你上過的學校、工作坊和課程，看看你讀過的書、聽過的錄音帶、觀賞過的教育節目，你或許可以認出一些來。當你評估你的技能，記住所有你曾做過的工作，即使在孩子的學校或是教堂裡做義工，還有你在課後和暑期參加的活動。

你喜歡打理家中事務、在委員會工作、籌募基金或為一群人協調工作計畫嗎？檢視你的嗜好，你參加橋牌或運動社團嗎？你喜歡戲劇、歌劇、芭蕾或交響樂嗎？你喜歡藝術和工藝品嗎？你喜歡自己蓋東西、寫詩或講故事嗎？你擁有豐富及多元的技能背景，也許比你注意到的多得多。

觀察你喜歡使用的技能之後，再看看你的夢想。你對夢想知道得愈清晰詳盡，愈能吸引你想要的一切。當你檢視理想生活的夢、你被吸引的事和你希望存在的環境和相處的人，你在定義你的人生志業。你的夢想是心智的模型——如同建築師的藍圖——能讓你的大我到外面的世界去幫你帶回一條更高的道路。

我現在就擁有理想的生活

你夢想的理想生活可能看起來不切實際或賺不了錢，也許它們太龐大、太遙遠，你完全看不到實現的可能性。也許看起來你需要先有一筆大錢才能實現它。你可能認為必須先做不喜歡的工作來賺錢，等到存夠了錢才能做自己喜歡的事。有些人說：「我要先做這個工作直到我有錢去做想做的事。」然而他們常常沒有得到他們認為需要的錢，而把他們的一生花在做不喜歡的工作上。

直接去做你想做的事。做你愛做的事會讓你生活好過得多了，金錢也會因此而來，而且通常是更龐大的金額。如果你想環遊世界，你可以從做規劃旅遊的工作開始，像是航空公司或旅行社。這樣你會感覺很有活力、很充實，而對豐盛有更大的磁性吸力。什麼是你的夢想？花些時間碰觸你的夢。

你夢想在什麼環境工作？你希望在戶外與大自然和動物一起工作，還是喜歡在室內，和人們或設備一起工作。決定你喜歡在你的國家的哪個縣市工作，是在城市還是在鄉間讓你更有活力？你喜歡坐辦公室、開卡車、在建築工地、船上、飛機上、定點還是在不同地點遊走的工作？你希望你的工作環境看起怎麼樣？想想你喜歡和什麼類型的人一起工作，你想和他們建立什麼關係？成為他們的老闆、同事還是員工。你喜歡和年輕、年長還是同輩的人在一起？你喜歡和一群人、少數人一起工作還是獨自工作？

你曾夢想在醫藥、營養、運動、政治、科學或教育界工作嗎？你的夢想給你關於在哪裡發現人生志業的線索。注意那些讓你關注的話題，像是地球和平、動物權利、環保事件、遊民、國際事務、太空探險或其他。你可以為你的工作設定適當的體能、心智和情緒方面的挑戰。你喜歡體力勞動的工作嗎？忙碌活躍的日子還是安靜平和的步調，會讓你感覺生氣勃勃？具體而清晰的描述你想要的事物，因為你會得到它。

有位女士在雜誌上發現一張圖片，無論是盆栽擺設、牆上掛的藝術品到桌上放置的那台藍色打字機，都是她喜愛的辦公環境。她把那張圖片掛在牆上，並持續觀想自己在那樣的辦公室工作。幾年之後，她辭掉工作到另一家公司應徵，很驚訝地，當她走進辦公室，發現這家公司幾乎和她在牆上掛的圖片一模一樣，只差桌上的打字機是黃色而不是藍色的。後來她得到那份工作，當她在辦公桌前坐下，公司的人告訴她幫她訂了新的打字機——一台藍色的打字機。可惜她忘了去想像她想和什麼樣的人共事，願意負擔什麼層次的責任，有甚麼進步的機會和其他細節，所以幾個月後就因為這份工作不符合她的深層需要而離開了。

我知道自己喜歡什麼
我做我喜歡的事

要清楚你喜歡什麼樣的辦公室生態。有些人適合在公司服務，領取固定的薪水或佣金；有些人喜歡經營自己的事業，你可能喜歡在大企業或小公司服務。你可以擁有任何想要的一切，你需要做的是決定你要什麼。

如果你有過去的工作經驗，回想你喜歡和同事在一起做團隊工作還是獨立作業。你們有些人喜歡分散風險，有些人喜歡自己做所有的重要決定。你可以決定只為一個老闆工作或是做同時擁有數位雇主的約聘工作。

你夢想每月收入多少錢？你願意負擔什麼層次的責任？你也許夢想在大型組織工作，並被賦予愈來愈大的領導責任。想想你在工作中想獲得的安全保障、工作地位和發展機會。如果你想在工作上受人矚目，把這個想法納入你的夢想；如果你想要很大的自主和自由，同樣去要求它。問自己能否在內容明確、架構清楚的工作上發展，或是你想要的是變化多端、多元自由的工作環境。

我讓自己的思考與夢想天馬行空

如果你可以做任何想做的事，你會怎麼過你的人生？過幾個月的美夢人生是什麼感覺？你會希望一星期花三、四天做一個工作，而在其他時間做別的事嗎？你的工作是同時進行幾個計畫，還是只專注於一件事呢？你會在某一個月中密集做一件工作，然後在下個月做不同的事嗎？花時間做做白日夢，想想你夢想的生活是什麼。

千萬不要限制你的夢想。如果你逮到自己說：「這很好，但我會不會要求太多？」立刻停止這種想法，去追求它！現在是開始無限思考的時候。不必感覺你的夢想必須立刻實現；創造它們的第一步是在心中想像。你的思想是真實的，當你能具體知道自己想要什麼，你的大我會立刻到外面的世界為你創造它。你不需要知道它何時和如何來到，你需要做的只是清楚自己想要什麼，並敢於去做更大的夢。

有位男士決定仔細地看看他夢想中的工作是什麼。他寫下想在工作得到的一切。他因為喜歡收聽和閱讀新聞，所以決定他的理想工作要讓他能夠在家看電視和看新聞雜誌。這位男士賭性堅強，愛玩像橋牌這種有金錢輸贏的遊戲，所以他決定他的理想工作必須有風險和高酬金的元素。他也愛統計數字，在大學主修統計學。他喜歡獨自工作，想要有潛力賺大錢而且一天只要幾小時的工作。他喜歡早起然後空出整個下午打網球或做其他運動。他不想有任何的員工，也不想替別人工作。雖然他不相信可能找到一份完全滿足這一切的工作，他還是把它都寫了下來，並決定讓他的大我為他找到一個符合所有期望的工作。

不久之後，他認識一位新朋友，從事黃金和其他商品期貨交易。他立刻就對期貨市場著迷，並開始把所有的餘暇時間都用來研究它。他喜歡把商品價格做成圖表，並在牆上掛滿他預期會有價格波動的商品線圖。他花很多時間研究，藉由追蹤週期和波動而計算和預測商品價格的理論，他發現看電視和閱讀新聞期刊，也是他的研究中很重要的一部分。

基於那些圖表和圖形，他後來對商品市場變化的預測變得非常精確，他開始賺錢。幫他交易的營業員也開始請教他的意見，然後轉告給其他客户。最後，這位營業員問他願不願意幫他的一些客户操作，他也這麼做了。不久之後，他得以辭掉原來的工作，全職地做期貨交易。這讓他能夠在早上工作而下午休息，他不需要任何員工，並在家工作，他喜歡高風險與高報酬的元素，而這工作還用上了他統計方面的知識。

要你想要的，不管它看起來多麼不切實際或難以置信。你的大我會到外面的世界去，開始為你帶回你的期望。當你允許自己作夢，你在創造一個新的實相。

❖遊戲練習——發現人生志業

想像你真正地活出充滿喜悅與愛的人生，你會如何回答以下的問題（記住，這是你夢想的美妙人生。儘量發揮你的想像力）？

1.你會做哪些活動或運用哪些技能，例如閱讀、談話、談判、諮商、思考、寫作、組織還是管理？你會和孩子們一起工作、跑步或運動、創作物品、建造東西或是修理機械和設備？你會從事和植物、動物有關的工作，還是處理資訊？至少列出五項，愈多愈好。

……………………………………………………………………

……………………………………………………………………

……………………………………………………………………

2.你一星期花多少時間在賺錢的活動上？什麼時段工作？每星期或是每月工作幾天？

3.你做的是耗費體能、步調快速的工作，還是你在緩慢、放鬆的氣氛中工作？

4.你每天和相同的人一起工作嗎？他們是什麼樣的人？你在他們之中扮演什麼角色？你有多少獨自工作的時間？

5.你的工作環境看起來怎麼樣？它是在室內還是室外？在家裡，還是在某個中心或是辦公室？需要旅行嗎？如果是，次數多頻繁以及去哪些地方？你在城市還是在鄉間工作？

6. 你的職位是什麼或你扮演什麼角色？你的責任是什麼？有什麼進步或發展的機會？你是團隊的一員嗎？你爲大企業、小公司還是爲你自己工作？你爲某位雇主或整個集團工作，或者你和許多客戶依合約關係來工作？

當你仔細揣摩令你喜悅的人生，繼續修正並增加答案的細節，想出更多可能性和選擇，想像你比之前所想的擁有得更多。你會發現你對你想要什麼變得愈來愈清楚，因爲當你專注於它，你拿掉了你加諸在可能性上的限制。你在創造一個與大我溝通的模型，告訴它你想要的理想生活是什麼。當你完成這些問題，你的大我已經開始在找方法帶給你所想要的理想人生，而你準備好擁有它了嗎？

第十四章

你擁有需要的一切

藉由蘊育成功，實現你的人生志業必須擁有的內在力量和資源，你可以加速吸引人生志業的出現。你不必冒巨大的風險或跨出不適合的大步。從踏出小步和發展內在的資源開始，你的每一步都是輕鬆的下一步。當你踏出一小步，你會發現夢想在你伸手可及之處，比想像中更容易達成。

一切答案在我心中

我遵從內在的指引

從事你的人生志業，要求你去聆聽和遵循你內在智慧的能力。它需要的是你，而不是別人，你要做自己的主人，決定什麼對你而言是好的。開創人生志業是一個你發現自己的過程。你藉由向內探索而非向外尋找答案來完成這個創造。你們很多人以為別人才有答案，尤其是在你不熟悉的領域。有時候聽從外在的權威之言是必要的，像是你踏入一個新的領域而需要獲得相關知識的時候。但是當你已經蒐集許多別人的智慧和學問之後，你最好靠自己的智慧來做決定。你也許認為別人對於你需要投入什麼生涯方向、做什麼投資、怎麼做等等……比你更清楚，但是你才是最有力量去決定如何活出生命的人。

為了開創你的人生志業，你必須學習解決自己的問題，你可能稱之為挑戰或是成長機會。尋求外在的指引是好的，但是務必從你的內心或依循你的直覺來做最後的決定。當你執行你的人生志業，你會一天一天開創你的生命道路，沒有人能為你建構它或幫你畫好藍圖。你將能夠掌握自己的生命，並明白你為自己的命運負責。當你堅持你的人生志業，你成為自己生活的建構者。你可以設計你的未來，透過對機會的留意與把握，你會知道何時該採取行動、何時該耐心等待。你現在就可以開始踏出小的步伐，走上人生志業的道路。

不管你現在正在做什麼，花一點時間思考你的生活，並找到創意的方式解決你的問題，去發現你自己的答案。當你培養創意思考的能力，你可以找到更有效率的方法來做你的工作，而且更成功。你可以從解決一些簡單的問題開始，發展你的創意思考能力，例如如何縮短你的下廚時間，如果它占據了你想參加別的活動的時間，也許你可以考慮一次多做一點，並把多餘的食物冷凍起來以後再吃。

當你思考利用一些小方法增加生活的和諧與流動，你在培養自己用創意解決問題的能力。那麼當你遇到人生道路上的挑戰，你就有必要的能力，可以創意地處理問題和發現解決之道。讓自己成為資源，不要忍受惡劣的情況，努力找到改善它們的辦法。

我是一個有價值的人

我的人生道路十分重要

你們有些人對完成畢生志業有困難，是因為太忙於支持別人的工作或事業，你可能放下你的志業直到你想幫助的人成功了為止。幫忙別人推廣他們的工作到這個世界，並成為團隊的一員可能很重要，但你會知道這個角色是不是你的志業，如果是，這個服務會讓你很喜悅，並在心裡感覺很好。如果你不是因為喜悅，而是因為責任義務而幫忙，就要再次確認它是否真的是你真心想做的事情。

你們有些人支持別人，是因為你感覺你的道路、想法或創意沒有發展的必要。你的人生志業和別人的一樣可貴，即使它看起來並不重要。就算別人表現出來的是擁有光芒四射的工作，賺很多錢，或有更多的觀眾，也不會讓他們的人生道路比你的重要，或不如你。你到這裡要做的貢獻和任何其他的人一樣重要，可能是盡力用最好的方式養育小孩，用工作貢獻社會，或是療癒、幫助別人。

現在，花一點時間問問你內在那個非常擅長幫助別人的部分，是否願意花能量幫助你發現並實現你的人生志業，它通常非常樂意被要求來幫助你。

我珍惜我的時間和能量

你們有些人需要發展尊重自己的時間和能量的能力。你可能是個天生的諮商師、老師和治療師，最後落得付出比你願意運用的更多時間，去幫助你的朋友或家人解決他們的問題。你可能用幾個小時和他們講電話或對談，讓他們得到你的愛和肯定。你甚至會跳進去告訴他們該怎麼做，或幫他們做些什麼。花時間照顧別人如果讓你感到喜悅，當然很好，因為那可能是你的人生志業。然而，你們很多人幫助別人是出於責任，而非真的喜悅；你或許認為把時間和能量用在自己的生活上很自私。你的道路很重要，它的開展，需要你投入時間和能量。

想想那些你花了很多能量的朋友，他們真正有成長或用得上你的幫忙，還是仍然停留在原來的地方？在幫忙他們之後你感覺精疲力竭還是精力充沛？如果你感到精疲力竭，或是他們並沒有在生活上發生實質的改變，那麼他們並沒有用上你的幫忙來成長。如果你把所有時間都用在對朋友提供建議或諮商，也許你的人生志業就是為人們諮商。你可以探索一些方法，讓幫助別人成為你的專業的一部分。當你這麼做，你會連結那些準備好要成長而來尋求你的幫忙的人。幫助他們會讓你充滿能量，而你的協助也會讓他們的生活有真正的改變。

你們很多人落得忙於許多小事而沒有時間去開創人生志業；你把忙碌和完成你的更高目的混為一談。你可能有堆積如山的雜務要做，東奔西跑，每一刻都很忙。如果你想完成你的人生志業，你要花時間開始進行。你們有些人說：「在我做完這些雜事、家事和文書工作……之後，我就會去做那些重要的事。」一天過完了，你可能太累或已經沒有時間了。

我的道路和人生志業是我的最高目標

每一天，優先去做那些讓你接近你的人生志業的活動，或盡快去做它。在你起床的時候，花五分鐘去想想你的更高道路。問自己：「有什麼我今天可以採取的行動，讓我更接近我的人生志業？」或者：「什麼是我今天能做的最重要的一件事？」把它當作你的優先事項，在你開始做其他事情之前先做它。它可能是一件簡單的事，例如：灌注能量給人生志業的象徵、打一通電話、找一本你很有興趣的書或打點家裡的空間，騰出地方來做一件特別的活動。如果每一天，你第一件專注和完成的事，是能夠幫助你達成夢想的事，你會對生活的變化感到驚訝。

有關開創人生志業重要的一項法則是，適當的時機。你也許聽過「站在趨勢上」這句話。現在開始，去肯定自己會在對的時間出現在對的地方，把這個想法放在你的心裡，信任你的喜悅或抗拒的感受正在幫助你創造這個事實。

舉個例子來說明，有位女士正在努力寫一本書。她每天強迫自己花一、兩個小時寫作，但是靈感一直都不出現，最後她只好放棄這個嘗試。兩年過去了，其間她做過間歇的努力，但是沒有辦法持續寫下去。她一直覺得很自責，認為自己是個失敗者，缺乏寫作所需要的紀律。

她的工作讓她接觸很多病人，她開始和他們在一起，教他們她所知道的靈性法則。許多人開始好轉，或找到他們尋找已久的內在平靜。愈來愈多的人來找她，於是她決定開課。她把她的談話內容錄下來。由於想要聽她上課的人很多，所以她把錄音的內容寫成書面資料，裝訂成學習手冊送給學生。於是她的學生開始把這些資料和別人分享，而她也發現自己一直不斷地複印更多的資料來應付愈來愈大的需求。

有一天，一個大型出版公司的編輯打電話給她。這位編輯的友人剛送給他一份她的手稿，而這位編輯想要出版它。後來因為那段時間那個題材十分熱門，她的書賣得很好。當她回顧最早她想要寫書的意圖時，她了解到在她的書寫成之前，她還有許多學習和成長需要完成。她也看到那個時候的時機並不恰當，如果她想盡辦法在那個時候把書出版，恐怕也不會是一本成功的書。

當你進行一項計畫，記住你的更高指引總是幫助你在最好的時機完成它。不管你在做什麼，若你一直感覺抗拒和掙扎，那麼它不是一個錯誤的計畫，就是一個錯誤的時機。你可能需要先做另一件事，然後再回來完成它。把你的能量先投注在別的地方，跟著你的喜悅走。

你可能思考了好幾個月想要改變，但是不知道該做什麼，或是覺得自己沒有什麼選擇可以抽離現況。或許你知道自己喜歡做什麼，卻覺得它太花錢或要你做一些超過現有的能力和資源以外的事。要愛你自己，如果你覺得自己還沒有辦法採取任何行動。記住，在改變發生之前，你有一段內在工作要做。你也許正在改變你的想法，重新評估你的生活，從新的角度觀察事情並凝聚改變所需的能量。你想要做的外在改變愈大，你所需要先完成的內在改變就愈大。

我接受和愛現在的自己

學習去愛和接受現在的你，愛每一件你創造的事。你不必在你從事人生志業之前就變得很完美；完成你的人生志業將幫助你成長與進化。當你喜愛並接受自己現在是誰，你開始能夠踏上新的方向。你一直都在盡你所知地扮演自己。開始欣賞自己而非希望你是別的樣子，這會幫助你更容易向前邁進。近來有任何你不斷批判自己的事嗎？如果有，花一天的時間，每當批判的想法出現，看看你能不能用一個感謝，謝謝所有你曾經做過的好事，來代替批判的想法。

你們很多人有一種內在感受，覺得此生有很多事要完成，像是你有某種使命。你也許擔心自己還沒有找到它。信任你所做的每一件事，都為你開展更大的工作奠定基礎。有些人的人生志業在很年輕的時候就完成；有些人的人生志業要求經年累積的知識和經驗，最重要的工作在晚年才開始。如果你的內在感覺是你有重要的工作要完成，而你還沒有發現那個工作的形式，繼續遵循你的內在指引，選擇那些為你帶來喜悅的事，它們正帶領你到即將要完成的偉大貢獻。

與其嚴厲地責備自己沒有完成更多工作，不如花時間恭賀自己所走過的路和完成的事。給自己此時此地已很完美的種種理由，不要怪自己沒有做得更多。專注於你現在正在進行和學習的事，它預備了你未來會擁有更多。養成正向地對自己說話的能力，它會幫助你發展內在的力量和信心，在遵循人生的道路時，採取必要的行動。

花時間去發現和做那些你喜歡的事。你可以從一些喜歡做的小事情開始，像是替你家的小孩烤烤餅乾等等……更常去做那些事。一位很喜歡烤餅乾的女士，現在擁有成功的烘焙連鎖事業；一位很喜歡安排晚宴的女士，最後開始了一個協助忙碌的企業家規劃晚餐宴會的事業；一位很喜歡在自己的工作室做東西的男士，開始了一個製作單一品項僅有一件的手工家具的事業，而且非常成功。

如果你想把喜歡做的事情變成維持生活的工作，你可以藉由收費把它們與賺錢連結在一起。當你為自己喜歡做的事收取金錢，也就是把擁有豐盛與運用你的特別天賦連結在一起，這對你的潛意識而言是個美妙的訊息，表示你的時間、能量與技能是有價值的。

你們有些人只有在做不喜歡的工作時接受金錢，對於貢獻你的特殊天賦和提供服務要求金錢，卻感覺罪惡。當你這麼做，你是在告訴自己，賺錢是做不喜歡的事才有的功能，以及你不可能做你愛做的事來維持生活。也許剛開始你可以不收費來換取經驗，然而如果你想用你的特殊天分和技能開始一份職業，你終究要收取費用。如果你不收費，你會擁有更少的時間來運用你的天賦（除非你另有獨立的財務支援），而更沒有時間去做你來這裡要成就的。即使開始時只收很少的錢，它也是一個給自己的正面訊息，表示你現在正在把你的人生志業與豐盛連結在一起。

不要一開始就擔心你的技能是否足以賺取生活所需，你是不是要在培養能力的期間收取比同業更低的費用，或是你會不會付出的比你收入的錢還多。你可以不要在開始的時候就倚靠這份技能生活或賺大錢。只要把這個新的信念——做你喜愛的事賺錢是一件公平的交換——付諸行動就好了。會有這麼一個時間點，你的收費與你的服務價值和生活所需，交會成一條線。當你愈有經驗並學會尊重自己的志業，你會發現人們也會愈尊重你增加的價值。

觀察你自然地想把時間花在哪裡，用來做什麼。有一位大學剛畢業的男士，因為感到父母希望他去工作的壓力，所以找了一份辦公室的工作。他希望能找到他的人生志業，而他明白辦公室的工作不是他的志業所在，他開始觀察自己喜歡把時間和能量投入在哪裡，他發現下班後他總是迫不及待地去參加運動課程。於是他決定成為一位運動生理學家，設計運動為生理有問題的人治療和幫助人們瘦身。他到學校註冊並降低工作時數為兼職。他仍然在上課，感覺過去前所未有的活力充沛。即使兼差的工作也變得有趣，因為他知道那是為了支付學校的學費。跟著你的興趣走，你感覺充滿熱忱的事情會引導你找到你的人生志業。

有位女士很喜歡美麗的毛巾、床單、桌布，和款式特別的浴室或寢室的裝飾品。她到處逛街收購圖樣造型特別的物件，有時候還到國外採購。有一天，一個念頭閃進她的腦海，她想要開一間自己的店面，因為她從經驗中知道，沒有任何一家現存的店，銷售像她發現的那麼多美麗和不常見的商品。於是她開了一家小型而成功的零售商店，之後整合成一家郵購公司，專門服務像她一樣喜歡買那些很難發現和看起來不平凡的傢飾的人。你可以把你喜歡做的活動轉變成一個成功的事業，很多人都這麼做。

我尊重並珍惜我的創意和想法

如果你對於自己此生想做的事有想法，但是覺得它們不夠好，在你的生活中找出那些你覺得有價值的東西，然後開始加倍珍惜它。如果你覺得自己很有幫助別人或打理事物的能力，專注於這些能力。學習去珍惜你自己和你的天賦才能。把自己當成一個大人物，因為你的確是。從一些小地方開始珍惜你的人生道路和你所愛做的事。你可以簡單地開始，例如給自己十分鐘無干擾的時間靜坐思考，或選擇花少一點時間和人們談話或做不喜歡的事，而利用那段時間做一些對你而言特別的事。你可以允許自己花更多的時間在你喜歡的嗜好上，或買一樣需要的工具讓你更得心應手地從事它。如果你這麼做，你是送給自己訊息——你的生活和工作很重要。

學習珍惜你的特殊才華。一位男士發現自己很容易為別人工作，卻很難花時間為自己做些什麼。雖然他對於自己想要做的事情很有想法，卻被自己的懷疑毒害了，覺得花時間投入喜歡做的事並不值得。他可以用整個週末或傍晚的時間幫助別人，卻很難找到任何時間實現自己的夢想。

他決定開始珍惜自己的想法，從一些小地方開始更肯定自己，並花更多的時間給自己。他一直很喜歡教學，也很被大自然所吸引，常常到自然環境裡散步，並閱讀許多有關花草樹木的書。當他散步的時候很喜歡辨認植物的種類，而且很喜歡待在野外。於是他到城市的公園與休閒管理部門去拜訪，發現他們在附近的一個國家公園提供導覽。他開始在週末投入時間義務工作，很快地發現自己把所有的餘暇時間，都花在帶領大人和小孩的團體，教導他們有關自然的知識。不久之後，他被聘任帶領野地健行的活動，而且很多人請他擔任週末導遊。

他開始了解他可以從做喜歡的事情上接受金錢，他開始尊重自己的時間。當他開始重視他對自然的知識和對自然環境的愛，周圍的人也開始重視他。他發現遇到很多可以做喜歡的事，又能賺錢支持生活的機會。後來，一個兒童營地聘請他做全職的戶外活動規劃，而最後他擁有了這個露營中心。

一位女士廣泛地研究和運用色彩來提振情緒和舒暢身心。她用和諧舒服的顏色重新布置家裡的環境，並訂做一個衣櫥裝進所有讓她感覺愉快的色彩。她發現朋友們常常來問她有關房子和衣服的配色建議，她了解到他們的問題逐漸占據她太多的時間。她想從小地方開始尊重自己，她開始去感覺她的時間是寶貴的，她的學識是有用的。

雖然覺得很不好意思，但是她鼓起勇氣建議那些要求她的意見的人，和她訂下正式的約會來做諮商，花一些鐘點費用，她就能夠坐下來為他們工作，談論他們想要完成的事或幫他們找到方法去做。開始時她的朋友們感到很訝異，但是很快地了解到，當他們付錢，她會付出更多的注意力，提出的建議也更有用。因為她開始尊重她的天賦，她最後創造了一個全職的工作，並在服務中得到更多的技能、知識和訓練。企業開始要求她對辦公室和旅館的色調做建議，而她也成為專業的色彩諮商師。

我是一個特殊、獨特的人

你們有些人沒有投入人生志業的原因，是害怕自己的技能不足，或是覺得別人有特別的東西可以貢獻，而你沒有。你被賦予你所擁有的天賦、欲望、技能和偏好，它們以某種方式呈現為你的人生道路的一部分，並且為這個世界所需要。更重要的工作等著你對你的目的覺醒，和相信你自己。你的工作很重要；你的貢獻特別而且被需要。

當你的懷疑升起，如果你的內在有聲音，說你的技能和天賦不值得投入時間和能量，送愛給這些想法。別在心裡對抗它，別和它們講道理，也別與之爭論，告訴自己有這些想法也沒關係。讓它們存在那裡，但在那些懷疑的想法旁，放上自信、正面的想法。

用休閒時間來看或參與那些能預備使你有更大成功的書或課程。花時間和那些正在做你想做的事情的人在一起，這是一個很棒的方式去加速你在任何領域上的成功。那也許是報名他們的課程，找他們出來當你的老師、諮商師或顧問。讀一讀別人在你想要成功的領域成功的經驗，讓你的周圍充滿啓發並常常活化你的熱忱。

有位男士想要成為房地產開發師，雖然他在別的領域有工作。他開始參加那些開發師參加的社區會議和工會活動。他聽他們說話，和他們交朋友，並開始因為浸潤在那些環境中而獲得許多能力和想法。最後，在某個會議上他聽到一些房地產的訊息，正好可以讓他開始這個方面的工作。

你讓自己置身於那些做你想做的事而成功的人士周圍，你得到他們口頭表達或心電感應式的成功想法。當你這麼做，你加速開展了自己成功的意象。既然你的思想創造實相，你愈能想像自己成功地做喜愛的事，它們將愈快成真。

我的生活充滿樂趣和有意義的活動

你們很多人對人生志業裹足不前，是因為認為達成它太困難。你或許在內心忖度那些並非你的志業的工作要花什麼力氣，然而它們是沒有辦法比較的。做不適合你的事，即使很簡單，也比你做人生志業的道路上可能碰到的龐大、複雜的工作，花費更多能量。當你執行你的人生志業，宇宙會幫助你；門會開啓，機會會降臨眼前，你將順著能量流動而非違抗它。

人生志業的追求在某種程度上就像親密關係的發展，成功要求的是堅持、投入和臣服的能力，臣服於你被帶往的地方。你們有些人認為一旦投入人生志業，生活將不再有趣，你必須有責任感，必須很認真。你不需要變得很嚴肅，或停止在生活中追求樂趣。

事實上，你會發現如果你不投入你的人生志業，生活會變得不那麼有趣。當你從事你的人生志業時，你的日子會充滿樂趣、有意義和喜悅的活動。

❖遊戲練習——找出你的資源和力量

1. 你能夠發展什麼樣的資源和力量，來幫助你更快速地吸引你的人生志業？或者，如果你已經開始從事人生志業，你能夠培養什麼資源和力量，幫助你更上一層？

…………

…………

2. 這個星期過完之前，你可以踏出什麼樣的一步，以便更完全地表達那份資源或力量？

…………

…………

3. 列出你現在喜歡從事的活動，愈多愈好。你可以把這個問題的答案對照第十三章遊戲練習上的第一個問題。

……………………

……………………

……………………

4.在上面的活動中選一個，列出你能夠從你喜愛的這個活動中，創造金錢的五個辦法。不要挑剔這些想法，保持創意。

……………………

……………………

……………………

第十五章

相信你自己

為了開創你的人生志業，你必須相信並執行自己的想法。如果你等待朋友、丈夫或妻子、老闆或同事給你想要的一切，你就是把力量交給了別人。例如，如果你等著你的老闆把工作變成你喜歡的工作內容，或是調升你想要的職級和薪水，你等於讓自己陷入了可能的失望。

在公司的規範內，你可以開始改變自己的工作。你可以試著提高生產力和增進績效。下決定，在足夠的努力下，如果你所在的工作不能滿足你的需要，你會找到其他能夠滿足你的工作。檢視是否有其他的工作或選擇，能夠提供你想要的一切。

我允許自己成就一切的可能

你在等待別人給你錢，或為你決定該去唸書、找工作或做你想做的改變嗎？允許自己去過想要的生活，下決心採取行動邁向你的目標。不要等待別人允許你辭掉工作和做你喜歡的事。如果你為了和人們在一起而放棄自己的目標、夢想與活力，你並非真正地幫助他們，因為你會以某種方式要求他們放棄同樣的事情。你真正能夠關愛和支持別人唯一的方式，是支持他們的活力與成長，做到這件事最好的方式，是支持自己的活力與成長，允許自己去做喜歡和想做的事。

真正的愛是服務人們的靈魂，而非他們的人格。有位男士不希望他的妻子出去工作，儘管他的妻子覺得工作帶給她很多喜悅和活力。這位男士認為他賺的錢足以養家，希望太太在家照料家中事務和家人的需求。她覺得自己在留在家裡與出去工作之間動彈不得，因為她照顧家人的感覺是很不得已的。她開始透過靈魂的眼睛來看待這個情況，她明白自己服務的不是丈夫的靈魂，而是丈夫的人格，他的小我，而非大我。

她了解透過工作、成長，變得快樂和更有活力，她會更有力量，而更能夠支持她的先生。即使她的先生此刻並不相信，她明白在靈魂層次，她能給丈夫最大的禮物，就是成就一切的可能，並讓她的先生也能成為他所能的一切。當你把人向後拉一步，你同時讓自己也退後了一步。因此她了解當她的丈夫試圖阻止她前進，他也在某種層次上讓自己退步了，所以她還是決定出去工作。

她的先生對這個決定很不愉快，大力地反對，用很多理由說服她，處處阻礙她，常常抱怨，不肯幫一點忙，她不斷提醒自己去服務他的靈魂。當其中一人在人格的力量或更高的目的有所突破時，將幫助另一人獲得同樣的開展。偶爾她也會覺得去工作是件自私的事，然而因學習所產生的內在喜悅讓她很有活力，她明白自己不可能在犧牲這種生命活力的情況下，還能愛自己或丈夫。

最後，他們用她的收入償還了部分債務，並且去度了迫切需要卻一延再延的假期。她的先生不再抱怨她的外出工作，甚至開始喜歡這個改變。因為他也可以開始花錢去從事一直想要的嗜好，而變得更有活力。

幾年之後，她的先生決定離開那個不喜歡卻做了很多年的工作，自行創業。雖然有點冒險，並在初期時收入大減，但是因為有了她的薪水，加上貸款，他們能夠承擔風險而讓他開始他的新生涯。她勇於追尋個人生涯的意願，終究讓她的先生也能夠有機會去追求他的人生志業。她對生命活力的堅持，帶給兩人更多的活力。

我堅持自己的道路

我選擇活力與成長

在你開始朝著活力與成長的方向前進時，你也許會碰到人們的抗拒。當你選擇成長或改變，你身邊親密的人會倍感威脅，他們害怕失去你的愛。不要被他們的抗拒所脅迫，送給他們更多的愛與慈悲。

有時候有人反對，反而是個禮物。為了克服人們的抗拒，你會下定更大的決心，並有更大的勇氣與堅持行走你的道路。你也許注意到，當有人告訴你不能做某件事，反而讓你更下定決心去證明自己可以。

如果有好朋友告訴你，某件事太難或不可能達成，要明白他們只是反映你的內在疑慮，讓你能夠更覺察並放下它們。當你處理他們的反對，實際上你處理的是自己的懷疑與恐懼。如果你對自己的道路很清楚，人們通常會反射你的自信。與其對人們的不信任生氣，不如在心裡感謝他們為你顯示你的疑慮，並幫助你強化你的決心和意志。

一對夫妻準備開一間餐廳，他們演練了所有的實現法則：加能量給代表人生志業的象徵，遵循內在的指引，循序漸進地採取步驟，而且非常篤定他們的方向就是開一間餐廳。他們用線圈吸引客戶，想像餐廳所在的最佳地點，並做了很多練習，來釋放內在阻礙他們創造豐盛繁榮的障礙。

所有的朋友都告訴他們那不是容易的事，不可能成功。他們說開餐廳很少賺錢，失敗率很高，工作時間又長又辛苦。他們了解朋友們的勸告，只是反映自己內在的疑慮，所以利用朋友的回應，作為需要釋放內在恐懼與憂慮的指標。他們常常檢查關於生命道路的內在訊息，而那始終指向開一間餐廳。

於是他們決定開一間小型的餐廳，他們發現了一個好地點，然而洽談買下心中理想標的的交易居然失敗了，即使他們做了很多觀想去想像他們擁有那個建築，並肯定他們一定買得到。所以他們開始懷疑朋友們的說法是對的，或者宇宙試圖阻止他們。然而因為他們的內在訊息要他們繼續嘗試，所以他們繼續尋找，因而發現了另一個地點，一個真正完美的地點。於是他們了解，他們被保護著，所以沒有買到先前的地方，因為那裡根本不適合。

接下來一件又一件的好事不斷。由於他們是那個區域此類型餐廳的第一家，因此得到很多意料之外卻很有幫助的宣傳機會。餐廳的營運狀況很好，三個月內開始賺錢，於是他們雇用更多的人手，不必親自負擔太多的工作。他們賺的錢比想像的還多，更得到許多寶貴的生意經驗。因此太太有時間不必工作，而決定生小孩，留在家中照顧孩子，這圓了她多年的夢想。

我遵從我的心

不要讓人們對於你應該做什麼的想法，決定你的工作。你可能很想在音樂領域發展，但是你的父母希望你成為商業主管。明白他們是為你好並且希望你成功，然而只有你知道自己的道路是什麼。你的人生志業可能和人們對你的看法大不相同。重要的是，你以自己的方向為榮。要成功你必須能愛你所做的事，只有你知道自己愛什麼。如果你違背內在的訊息，為了取悅別人而在不喜歡的工作上追求成功，你將失去喜悅與活力的感受。下決心你會做那些你感覺非做不可的事，即使你現在不知道它如何為你帶來金錢。只要是對的，能彰顯你的正直並帶給你喜悅，就去做；成功會在你遵從自己的心時來到。

你最好能遵循自己的內在智慧。如果事情的結果美好，你會知道是你做到的，在未來對自己有更大的信任與信心。如果結果不若預期，你會得到很多知識和經驗，在未來幫助你做更好的選擇。無論成與不成，遵循自己的內在智慧而非別人認為的應該，都會讓你有許多收穫。

我能擁有想要的一切

你沒有理由對於夢想光說不練。你們有些人責怪別人讓你無法圓夢，你也許說：「我沒有自由。」「我的先生或太太不讓我這麼做。」或「我有小孩或父母要照顧。」如果你一直告訴自己為什麼你無法得到想要的事物，你將不會得到它。開始告訴自己你為何可以擁有想要的一切。總是有你現在就能採取的行動，讓你的夢想成真。你永遠有選擇，不論你感覺多麼困頓或陷入任何情況，總有辦法解決。

花時間想想你此生想做什麼。你正等待誰允許你這麼做，或在你開始行動之前就幫你解決問題嗎？如果是這樣，你願意允許自己去做想做的事嗎？給自己這個允許吧！你因為某人不支持你的夢想而退縮嗎？發現人生志業和學習相信自己，並依從內在訊息行動的過程，和工作的執行一樣重要。如果有人來到你的身邊，給與你一切，你將無法擁有靠自己成就一切的力量。你是船長，你的成功操之在你。

我邀請並允許美好進入我的生命

為了讓生活更美好，首先要相信更好的事情存在。很多人認為他們現在所擁有的是，他們能夠創造的最好的一切，因而害怕改變。至少從相信環境會更好開始，你可以擁有想要的一切，而能夠在生命中做你愛做的事。你的環境總是有辦法改變，花時間至少想出三個理由，為何你可以擁有想要的事物。

你也許必須騰出時間去發揮和運用你的更高技能。這意謂著你把時間花在那些唯有你能夠做的事情上，而讓別人幫助你完成其他的事。有位女士開設一家小公司，提供其他小型公司打字的服務，但是她沒有時間如她所願的，擴展她的事業或服務客户。她太忙也太累，她要兼顧生意和打字的工作，又要做家事、辦雜務、煮飯和處理許多其他事情。有一天，她了解到她需要幫手，又擔心付出雇人的薪資會讓公司沒有利潤。後來，她下了決定，要在她付錢請人打點家務的期間，用更高的技能賺取至少兩倍的錢。

跨出信心的一步，她雇了一個人來幫忙，讓她能有餘裕的時間去組織她的事業，得到客户並照顧他們的需要。之前她太累了，沒有辦法真正服務客人或開發新生意，但是現在她有時間。人們注意到她照顧客人需要的心意和她優異的服務，很多人推薦客户給她或成為長期客户。她不僅能服務更多的人，賺更多的錢，還能提供一個管家與打字的工作，給需要和感激這份工作的人。

有些人擔心年紀太大不能轉換工作或開始人生志業。無論什麼年齡開始都不嫌遲，許多人在六十歲以後才建立他們的主要事業。有一位工作多年的女士，希望找到更有意義的工作，她已經接近退休並在同一家公司待了很多年。雖然她的工作早就停止成長和缺乏挑戰很久了，但是她覺得自己可以再忍耐幾年，然而又渴望能有更滿意的工作。

她開始把焦點放在創造更高目的上，每天對她的象徵——一個光環，加能量。她開始正面思考，相信能找到更好的工作，即使那時候她還不知道如何能做到。那段時間，她開始和一位很棒的男士約會，並且一起去探索很多事。那位男士正好有一個退休之後才因為興趣而創業的公司，沒有想到它會快速成長，她的能力正好幫得上他的事業。這位男士不僅請她擔任全職的工作，最後他們還結婚了。她得到了比要求更多的事：她愛這個工作，她是團隊的一員，工作很有挑戰性並能學習新的技能。

❖ 遊戲練習——相信你自己

1. 想像現在是十年之後。一直以來，你允許自己成爲一切的可能，你相信自己，你採取合宜的步驟去遵循你的更高途徑。你對自己和生活的感覺如何？天馬行空地想像你過去十年的成功。

....

....

....

2. 想像在同樣的十年之間，你沒有允許自己遵循你的道路，你不相信自己，你對生活的感覺又如何？

....

....

....

....

3.你會選擇哪一條路呢?現在下決定。

第十六章

信任生命之流

是否一向如意的工作、職業或環境不再如此？也許你本來很喜歡做的事變成了某種應該，或感到了無新意與活力。也許你的銷售衰退或客户流失，或者你對過去喜歡的事不再熱情洋溢。

不管你到達什麼層次的富足與豐盛，都會有這麼一刻，那個你心中的夢想或認為該去的地方，已經不符合現在的你。每個人都會發生這種情況，億萬富翁和那些不知道下一頓飯在哪裡的人都不例外。

知道什麼時候改變方向很重要。沒有一種工作、事業或活動會永遠完美，除非你願意不斷更新。因為當你成長，你周圍的事物也需要改版。有時候做個簡單的改變就夠了；有時候你唯有放下所有的一切，重新開始一件完全不同的事，才能晉升到下一個層次。

我遵循能量而動

我明白每件事都是為了我的更高益處而發生

事物的創造有其自然的程序。首先是想法階段，此時你心中充滿構想、新的想法和改變的欲望，即使還沒有創造的方法。其次是建構階段，你看見執行理想的方法並付諸行動，實現長久的渴望是一件讓人興奮的事。然後是事物的完成階段，它是一段平整的時間，在這段期間內你的想法被執行，但不再擴展與成長。下一個階段是循環的結束，也是下個週期的開始，你可能對自己建立的事物不滿足，或許它已經不足以承載你到更新、更遠大的目標。

你們許多人把最後的階段視為衰退，事實上它是自然循環中出生、死亡與再生的一部分。它代表舊有的事物離開，為新的事物開路。如果事情不再像往常般順遂，如果原來的工作不再讓你感到快樂，或許你已經準備好擴展並進入更高的層次。

你的工作和能力把你帶到先前設定的目標。如果現在你要的更多，想法更大、更擴展，你會需要新的工具，把你載往下一個目的地。不變的工作、想法、技能和態度，只能為你帶來現有的一切，你必須發現新的思考或感受的方式，新的觀點、技能和計畫，因為你正準備開始一個新的循環。這並不是你的失敗或退步，反之，將它視為你的成功，因為你已經準備好向前邁出新的一步。

除非為了你的更高益處，沒有任何途徑會關閉或減慢。如果遵循你的道路是一種掙扎或太困難，那麼花些時間重新檢視你正在做的事。也許有更好的進行方式，或是完全不同的事正要出現。如果一條路顯得困難重重，那麼一定還有另外一條路，為你帶來比你現在行走的道路更多的活力與豐盛。

我對機會保持敏感的覺察並善加利用

記住人類目前的進化之流是一段不斷變化的旅程，而環境也不斷地改變。人們現在渴望和感覺興奮的事物，甚至不會和一年前相同。即使最完善的規劃也要時時修正，你必須記錄並觀察你的願景，是否仍與你的內在方向以及人類演進的方向一致。一架飛往目的地的飛機，必須不斷地調整它的路徑以保持航道，你會發現你也必須常常改變你的作為，以維持與人類方向的緊密結合。

一旦你創造了什麼，你必須學習讓它成長與進化。現在對你而言運作順暢的狀況，如果未經修正，不必然在未來的時間仍能如此。你現在感覺被指引的事，未必是你往後數月或數年被指引去做的事。你必須承擔風險，嘗試新的活動，並與你的能量保持接觸。如果你現在的工作不再讓你感到喜悅，表示你需要新的事物。如果這是你目前的狀況，那麼做些新的發展，會比停留在舊有的途徑帶給你更大的豐盛。你總是不斷地改變與成長，當對自己喜愛的事保持接觸，你會吸引那些符合你是誰的新形式到你身邊。

人生志業的開創，不會來自將安全舒適置於成長之上的選擇，而是來自選擇那些幫助你到達目的地的事並採取行動，學習用愛擁抱挑戰而非迴避它們。從小型的擴展開始——執行帶點挑戰性的計畫而非例行公事，或開始學習新的技能。當你做些讓自己伸展的事，回饋是巨大的，你會感到精神充沛，能量飽滿。承受那些你感覺舒服的風險，一次提高一點。不必採用那些你感覺極不舒服的步驟，因為那將不是喜悅的道路，然而務必提高冒險的意願，因為它將為你吸引更多。

我釋放不能帶給我更高益處的事物
並要求它釋放我

你讓舊有事物離開的方式，決定你在這個階段承受多少痛苦與掙扎。有時候你需要的只是放下某個態度或信念；有時候你必須放棄現有的工作，換個新的。你可以喜悅地、心甘情願地、有意識地離開你所創造的事物；你也可以等待，直到環境到達非變不可的臨界點，而你被迫履行新的想法。如果必須改變的時間到了，但是你不願意放棄舊有的形式，你的靈魂將幫助你，它會創造一些情境，讓那些舊有的模式失效。

你在獲得想要事物的過程中改變與成長。你的目標可能更大或有所變化，因此你創造的事物可能不再具有從前的挑戰性。生命永遠尋求更高的秩序，當你達成一個目標，通常你會尋找下一個。你們有些人會輕鬆自然地放手，在適當的時候實行新的想法，並放棄舊的形式。有些人則不斷地試圖讓舊有形式繼續有用，為它們投入更多努力，直到能夠下決心去看看新的方式和想法，開始新循環為止。全體生命的自然本質都是朝向成長與活力，當你對某個層次熟悉精鍊，你就準備好更上一層。

我能輕鬆放下
我信任若非因為更好的事物進入我的生命
沒有事物會離開

你可以決定承受多少不滿和苦悶，才能驅使你回應內在的訊息。你們有些人總是能夠創造想要的工作和生活，努力給自己支持生命活力的環境，在他們聽見內在的聲音時，就改變環境，當新的事物出現時，便輕易地放下舊有的模式，擁抱新方向。

你們有些人則不做改變，直到感到強烈的不滿與焦慮。如果你屬於後者，那麼你的靈魂會在現有的工作或環境中，創造愈來愈多的問題、不舒服或內在抗拒，為了讓你注意到這個事實——改變必須發生。當你不再喜歡你所做的事，不再因它而成長或感覺活力，你需要學習放掉舊有的模式或找到方法來改變事情。去愛而非厭惡那些正要離開你的事，是一種挑戰。

如果你專注於想要和樂於擁有的事物，並向它前進，你會得到它。當你愈不喜歡一件事，你愈容易陷入它。你愈不喜歡你的事業，你也許待得愈久。你們有一條宇宙定律是：生命中出現的每個情境都教導你如何去愛。你無法離開一件事，直到你愛它。你和你不喜歡的事會綁縛在一起，如果你恨一件事，你會被它一次又一次地吸引（即使人或形式會改變），直到你愛它。一旦你愛它，你就自由了。

我熱愛並以每一件我所創造的事物為榮

有位男士開始自己的事業，並且在一年之後發現自己並不喜歡。他沒有預料到需要那麼長的工作時間、資金的壓力和必須應對形形色色的人。他希望自己投身在別的事業，他開始逃避他的辦公室，電話也不回；因為經營不善，債務也就愈滾愈大。債務愈多，他對於事業和生活的選擇就愈少。

有一天，一個朋友告訴他：「你無法離開一件事物，直到你愛它。」在絕望之中他決定試著去愛他的事業。他回電話，用更多額外的時間和客戶相處，花幾天改造公司的環境到盡善盡美，整理所有的紀錄資料，實行成本效益和節省時間的交易流程，以及其他……兩個月之內他的公司開始賺錢，一年之內他開始有盈餘，可以在別的領域開始新的事業——一件他更喜歡的事。因為他愛他的第一個事業，這個事業運作良好並擁有優良的商譽，於是他能夠將它賣得很好的價錢。

❖遊戲練習——生命的新方向

1. 想想生活的某些面向、工作或事業，哪些過去曾經非常順利但是最近卻不如往昔的情況，它們可能正要離開你。這包括衰退的生意或銷售狀況、變成負擔的工作、叫停的計畫。如果你的生活之中沒有這些必須放手、離開或完成的地方，你可以繼續看下一章。

2. 當這些好的景況開始的時候，你的自我形象是什麼？那個形象從彼時起有了什麼改變？你現在的目標變得更大或不同嗎？在那些事情上你對自己持有什麼新願景和新方向？

3.你的內在自我驅策你做的改變是什麼?它們可能以想法、夢境、思考或你喜歡的活動景象出現。

4.這些新的願景和內在的驅策，提示什麼可能出現的新方向?你認爲這些新方向可能在你的現有結構下完成嗎?或者你需要新的結構?

5.選一個可能出現的新方向。想像現在是一年之後。你發展這個想法，依循它建構你的夢想，將它融入你的生活，你放掉其他有所衝突的方向。從這個未來的觀點，敘述你的生活如何美好，你有多麼高興自己注意這個出現的新方向並採取行動。

第十七章
踏上更高的道路

你也許已經到了那個需要做出選擇和決定的時刻。如果是你改變舊生活、重建新生活的時刻，你會希望測試什麼是最好的下一步。是該離開或轉變原來工作的時候嗎？要開始經營自己的事業嗎？找份工作？還是回學校學習更多的知識和技能？

你並不需要辭掉現有的工作，為了把新的工作或想法推展到世界。當你開始對新計畫採取行動時，留在原來的地方，讓它們有足夠的時間發芽，並以它們的速度成長。維持你現有的工作，直到你為新工作建立了穩固的基礎，足以支持你的生活。就像蓋新房子，你會待在舊屋子，直到新家蓋到足夠完整的程度，你才會遷入。

通常不要把你的生活所需，寄望在你正要開始的新方向比較好。別讓你的每月支出，在你開始新的道路時變成壓力。相反的，在你竭盡所能思考如何對新想法採取行動時，找一個方式得到足夠的收入，讓你的新道路儘量地穩固。

如果目前的工作無法滿足你，改變它可能比離開更好。你們很多擁有良好工作的人，如果願意改變你的態度，或做些調整讓你的工作更適合你，將得到更大的滿足。進入一份工作並發現一切美好的人並不多；你們有些挑戰在於如何讓你的工作適合你。如果你抱怨你的工作，它的哪一個部分是讓你不快樂的地方？有些人離開一份好工作，只是因為他們不喜歡老闆的某些事，因為某位同事或是工作上的某個小地方。如果你覺得目前的工作有所貢獻、具有意義並且提供你成長的機會，那麼花些功夫讓你的工作更好或許是值得的。如果你不喜歡現在的工作，並不表示它不能變成一份討人喜歡的工作。

我藉由改變自己而改變周圍的世界

你能因為改變自己的內在而改變許多你不喜歡的狀況。人們對待你的方式與降臨到你身邊的機會，取決於你的態度、能量與愛。如果你不覺得在工作上被栽培，可能是因為你也沒有栽培自己。如果你覺得自己不被老闆、同事或員工欣賞，可能是因為你還沒學會欣賞自己。一旦你學會滋養和欣賞自己，你會發現人們也會這麼做。在你辭職之前，看看你不喜歡的地方，並問自己這些經驗是否正反映你對待自己的方式。如果你不改變創造這些狀況的行為，你會在你擁有的任何工作上創造類似的狀況。

如果你想接受什麼，從付出開始。如果你想得到尊重，從尊重自己和別人開始。如果你想改善待遇，不要問你的老闆能為你做什麼，反之，問自己「我可以為我的職務貢獻什麼？」如果你在工作上盡力貢獻最高和最好的一面，用良好的態度工作，做得比要求的更多，並且在人們開口前就預測並滿足他們的需要，你在工作上的收穫將會戲劇化地改變。

那些提供服務並賺大錢的人，是用喜悅的態度工作，愛他們所做的事，願意投入更多的時間，並關心客户福利的人。培養在任何環境盡力而為的特質，將為你帶來更大的豐盛。

有位在大公司上班的女士，開始時很喜歡自己的工作，後來被龐大的工作量嚇到，變得討厭那份工作。她打算辭職，並把工作的不快樂歸咎給上司。她的上司很有智慧，請她把所有的工作細項列出來，看清楚她喜歡或不喜歡什麼。當她開始評估自己的時間都做了些什麼事，她了解到她把大部分時間花在小事上，而不是她喜歡的較大或較有意義的工作。她因為不想造成別人的不便，不願把工作委託別人或請求幫忙。她發現自己雖然責怪別人給她太多工作，然而她必須先學習滋養自己，才能接受別人給與的滋養。因此，她決定改變。

她觀察她的工作項目中，哪些她喜歡，哪些她不喜歡。她了解到那些她不喜歡的工作，其實並沒有用上她的較高技能，而且可以交給認為它們是挑戰並喜歡做這些事的人。當她放掉凡事親為的意圖，並把焦點放在發揮她的更高能力，她提出許多創意和改革的意見，對於公司來說是更有價值的資產，她也開始愛上她的工作。當她滋養自己，她發現工作也開始滋養她，藉由改變自己，她把工作變成帶來喜悅的工作。

如果你每天討厭上班、不贊成公司的目標和理念、不想盡力做好工作、不喜歡工作的內容或同事……那麼你的工作並不能貢獻你的生活。該是你另謀他就的時候。對自己要誠實。基本上你喜歡你的工作但不喜歡它的某些部分嗎？如果你每天上班，卻想著多麼不喜歡這個工作；或者你辦公室裡的問題大於你能解決的程度，那麼你可能沒有聽從內在的指引，告訴你還有更好的事情等著你。許多人在他們的工作早已不能提供成長和活力之後的許多年，還留在原來的工作，認為不可能有更好的事等著他們。

我將愛與正面的態度帶進我做的每一件事

不管你是否在完美的崗位上工作，學習用愛和正面的態度去看待你的工作。當你這麼做，你會發現也許你可以在現在的公司創造更好的狀況，也許你會在別的地方發現更好的機會。每個讓你不舒服的情況，都在教導你必須學習的寶貴功課。如果你在現有的工作上沒有學會它，那麼你會在新的工作創造類似的狀況，教導你相同的事。

找出你不喜歡現有工作的什麼地方，立刻開始調整它。明白當你通過這個不舒服的情況，你將不再需要創造它。觀察你的工作，列出所有它送給你的禮物、教導你的功課，以及工作時你所運用的技能。當你欣賞並喜愛你的工作，創造你的下一步將很容易。

在檢視你的工作之後，你也許決定改變。你或許想在類似的行業換個能夠給你更多成長機會的公司，你或許想一併轉換行業。如果你現在沒有工作，你或許決定要找個工作。如果你培養了什麼嗜好或興趣，或許現在正是你把它們變為職業的機會。

你並不需要努力去獲得你想要的工作，但是你必須很清楚你想要什麼。當你送能量給代表人生志業的象徵，並清楚你的完美工作的本質，你的大我將會到外面的世界去，組合所有的元件，為你創造巧合、合適的人和機會，並常常為你帶來你想要的工作。

我毫不費力輕鬆地創造我想要的一切

如果你正在找工作，記住，世界上有很多好工作等著你。沒有足夠的好工作並非事實，真相是大部分的人不知道如何發現它們。在你清楚自己想要什麼之後，最重要的事是做能量的工作，並藉著想像已經得到它，來吸引它的出現。

你並不需要知道工作的名稱才能找到你的理想工作。你可以觀察什麼事你做來自然又容易，並且為自己吸引那些讓你做喜愛的事的工作。一旦你對於工作為你帶來什麼有清楚的雛型，你就可以開始運作能量去吸引它出現。你的大我會想辦法發現它，帶給你適當的工作職銜，有可能是你從來沒有想到的，或是從來不知道它存在的工作。

為了找到這個工作，注意你的直覺；保持靜默，傾聽內在的訊息。有些人忙著活動，沒有花時間傾聽內在的訊息。你可以辛苦地出去，在徵才廣告中找你的新工作。或者，運作能量後依從你的直覺，只在有所指引時採取行動，用最輕鬆的方式找到理想的工作。在你運作能量吸引工作之後，你的直覺可能仍然告訴你，到職業介紹所登記或是看看求才廣告。如果是這樣，你照做將會有豐富的成果，帶引你到你想要的工作而不是挫折。

有一位女士正在找工作，她很清楚自己要什麼——上班的時間、工作型態、環境、共事的人。她對於沒有努力去找工作總是有罪惡感，但是似乎內在有個聲音一直要她不必出去找工作。於是她在現有的工作停留了更長的時間，並開始改變她的態度。她決定如果要繼續留在原來的工作，她要開始振奮起來並愛她所做的事，即使她以前覺得這個工作乏味無聊。

當她開始專注於喜悅，她對人們開始變得很有吸引力。好事開始出現在她的生活中。雖然她用心做原來的工作，但是她一直在留意她想要的新工作。有一天，一位久未碰面的老朋友約她午餐。雖然那天下午有很多事要做，她的內在聲音卻要她去。結果，她的那位朋友擁有自己的事業，最近完成了一位客户的工作，而這位客户正在物色某個職務的人選。那工作不折不扣正是她夢寐以求的內容，於是她去見了那位朋友的客户，並被雇用做那工作。

你也許決定要開始自己的事業，而非為人工作。或許你想要的工作並不存在，直到你創造它。你們之中那些在事業上表現優異的人，是喜歡責任和做決定，需要很多獨立和自由，喜歡挑戰和冒險並享受獨自工作的人。通常是資源豐富、自我倚賴、彈性十足、個性獨斷、思考周密，能做許多不同工作的人。喜歡運用許多不同的能力於管理、銷售、會計、人員招募與訓練、組織、建構並維持新的系統。各方面喜歡設定自己的願景和方向，並享受某種程度的不確定。

我吸引更高善，它也吸引著我

如果你計畫做自己的事業，在這本書的第一部分有一些能量練習，教導你吸引客户和機會的方法，讓你能服務更多更多的人。我們鼓勵你也要去了解那些創造金錢的人為法則。市面上有許多教導經營事業的好書，閱讀那些因緣際會出現在你身邊的相關書籍。

開始做自己的生意，要求你保持機警、專注與知覺。新想法會快速湧現，需要你勇於嘗新並用新的方式思考。即使你迫不及待地想實現目標，要記得到達目的地只是一半的樂趣。享受那個建構時期，因為它是令人興奮的冒險，引導你踏上嶄新、充滿成長與活力的道路。如果你對經營自己的事業有興趣，思考所有你會成功的理由。從你的人格特質、技能和動機開始。相信自己，因為你會擁有想要的一切。

當你開始做你喜愛的事，你也許發現，去做你決定要做的工作，需要更多的知識或技能。你可能想去學校上課，或接受進一步的教育，以踏上人生志業的下一步。不要假設你需要文憑或學位才能取得某個特定工作。在你主動假設需要進修之前，試著在你選擇的領域找到一個工作來看看是否情況如此。你也許會找到一個提供在職訓練的工作。試問自己研讀和學習的過程是否喜悅？還是完成學業後可以得到的工作看起來不錯，而學校教育只是為了得到希望的工作所必須忍受的過程？

如果到學校進修感覺不錯，你喜歡這個想法，那麼就適合這麼做。如果你對學校並不感興趣，但上課似乎是你唯一能得到高薪工作的方法，那麼你的人生志業並不需要你這麼做。缺乏熱忱是靈魂引導你到其他途徑的方法。你可以開始去做你想做的事，不需要那張你認為必要的文憑。

你的態度是你對工作最重要的品質之一

記住雇主想要的是有自覺、忠實、熱忱並盡心投入工作的員工。好員工就像黃金，會被高度地重視和珍惜。你的態度是你對工作最重要的品質之一，在許多情況中比證書或經驗更重要。大部分的公司寧願雇用經驗不足，但學習快速和熱情洋溢的人，而非高度訓練但缺乏熱忱的人。

如果你不想上學，那麼連結你想要的工作本質，開始吸引它。舉例而言，有位女士想要成為醫生，但是又不想花許多年在醫學院的學業上。她開始去檢視她想要的工作本質，她發現她希望能療癒人們，於是她設定了一個代表這個本質的象徵，並且開始用能量灌注它。她遵循內在的指引，發現自己被身體工作所吸引。她開始上課，她非常喜歡這些課程，所以上了不同方面她能找到的所有課程。她和同業中最好的一些老師一起研習，幾年之後她開始執業，非常成功，並帶給她不斷的成長。她為人們工作，幫助他們療癒自己，並在工作上發現極大的樂趣。

如果你決定回學校讀書是你的道路，你可能懷疑是否有錢或時間這麼做。有很多金錢資源幫助你接受進一步的教育，但是大多數的人不知道這些資源，或不願意花時間去找出錢在哪裡。花些時間吸引這筆錢，然後依從你的內在指引採取行動。記住，如果你的內在指引是回學校進修，一定有辦法讓你這麼做。

一位高中輟學並在倉庫工作多年的男士，決定要完成工程方面的大學教育。他不知道自己要如何付學費，甚至不知道沒有高中文憑會不會被學校接受。但是他從相信自己做得到開始，他觀想自己到學校上課，他用一個象徵代表這件事，對它灌注能量。他挑選了一個大學，決定在六個月後去註冊秋季班。

這位男士寄了一封信到這所學校去要課程計畫，開始選課。他決定善用學校的生涯輔導服務，並和其中一位諮商師成為朋友。這位諮商師幫他尋找獎助學金，發現這所學校有一個給與高中失學人士經濟支援的計畫。符合這項獎學金資格的是已工作數年的社會人士，而他正好具備這些資歷。這項計畫甚至還包括一些幫助他完成高中文憑必須的課程。於是他能夠如同他所想的在秋季時辭掉工作，回學校做個全職的學生。後來他完成工程學的學位，並在畢業後獲得非常好的工作。

當我遵循我的道路

宇宙豐盛地供應我

別讓需要一大筆錢來創業、進修或是開始人生志業的想法阻擋你。開始去做你現在能做的事，就像你會擁有需要的錢一般。一位女士很想成為歌手，她認為成為歌手需要昂貴的設備和巨額的存款，好讓她在成名之前生活。所以她用了很長的時間做她不喜歡的工作，希望能存夠錢來開始歌手的職業生涯。

有一天，她了解夢想似乎愈離愈遠，如果不開始，她可能永遠無法成為一位歌手。她開始利用晚上修習歌唱的課程，並認識那些已經成功地達到她的夢想的人。一年之後，她很有交情的一個樂團少了一位歌手，邀請她去遞補那個空缺。她不需要花一毛錢購買昂貴的器材設備，又有足夠的收入讓她可以辭去原來的工作，成為全職的歌手。

如果你已經做了每一件可能的事，為你的工作灌注能量，請明白它正在來臨的路上。繼續注入能量給你的象徵，並要求更睿智、更深層的自我送給你新的想法。要願意傾聽你所接收的洞見與新想法，依照它們採取行動。沒有錢並不能阻擋你。也許你對自己或你的想法不夠信任，不足以為你吸引這筆金錢；也可能因為你不相信自己值得擁有想要的一切。把你的想法寫下來，當你寫下你的計畫，當你設計並建構它們，你會吸引那些能幫助你的人員與經濟支援。

世界上的金錢遠比值得投資的計畫多得多。依照你的意圖與願景，你會創造所有必要的連繫、步驟與事件。你會發現執行人生志業所需要的一切自然到來。

當你踏上實現人生志業的道路，你所需要的一切會被豐盛地供應。

❖遊戲練習——踏上更高的道路

1. 如果你現在對於你的人生志業必須有所決定（例如：回學校唸書、找工作、換工作或職業），把你的情況具體寫下來。

2. 列出來所有可能的選擇和機會，開闊地去想像你夢想中的生活。

3. 保持安靜，進入內在的空間。在你想像時，哪一個選擇顯得充滿活力，令人愉快？別擔心你要如何達到它。

4.為那個充滿活力和喜悅的選擇，畫一個兩欄的表格，在其中一欄寫下你做得到的理由，另一欄寫下你做不到的理由。

5.現在，把那些你認為無法遵從這個選擇的理由，改變成正面的肯定句。例如，把「我不能回學校上課，因為我沒有錢。」改成「我可以去學校上課，因為我有這筆錢。」把「我找不到工作，因為我沒有什麼人們需要的才能。」改成「我可以找到工作，因為我過去的經驗和技能是有用而寶貴的。」當你這麼做，你為自己的未來創造了正面的境況。

第四部

豐收生活

第十八章
尊重你的價值

接受你認為自己的服務所值得的回報，以金錢或其他的方式，是一件重要的事。如果你不珍惜自己的時間和能量，等於切斷了你的豐盛能量流。你的能量決定金錢是否能夠自由、和諧和輕易地湧入。有很多你能夠打開金錢能量流的方法。當你做的事讓自己和別人感到榮耀，當你接受你覺得值得的事物來回報你付出的時間和能量，就自然地創造了順暢的金錢與豐盛流動。

許多人對他們的工作收入或交換感到失望，因為他們不清楚自己的工作有何價值，他們希望別人明白他們的價值並且給他們更多。許多人希望得到加薪或希望客戶給他們更多的報酬，即使他們從未說出他們的感受。

當你珍惜你的服務，別人也會這麼做。為你的時間定出價值，決定什麼收入或交換對你而言有意義，不要倚靠別人為你做決定，重要的是你和付你錢的人都覺得很合理；每個人都希望獲得公平的交換。

你們很多人說：「我會用降價來吸引更多的客户和銷售。」確定你並不總是把價錢降到合理的價值以下。如果降價讓你感覺不舒服，你是在用兩種方式阻絕你的金錢能量流。首先，可能有一股憤慨或不好的感覺，即使很微小或是暗暗升起，都將阻擋金錢回流向你；第二，你在告訴你的潛意識，你的工作並不值得那麼多，而它將停止為你帶來機會。學習接受你的價值，多愛自己一點。

我知道我的價值，我以我的價值為榮

如果你經營自己的事業，有兩個付錢時覺得你的服務很值得的客人，勝於四個不這麼認為的客人。當你為你的工作接受公平的價值回饋，你對自己的感覺會很好，渾身散發熱忱。一個熱情洋溢、散發豐盛和成功氣息的人，比起感覺可憐、空虛和挫折的人更有服務的效率。

下決心你要接受值得的回報。別擔心你會因為提高價錢或無法創造很多欣賞你的客人而倒閉。那些為了反應價值而提高價錢的人，很少會流失大量客户。他們常發現，在提振的熱情與興奮中，他們為客人提供比以前更盡心的服務。不管你是否提高價錢，都要確定你盡力為客人提供最大服務，為他們的金錢提供美好的價值。

如果你是支領薪水或佣金的人，你所收到的是你認為自己值得的金錢嗎？你希望能賺到什麼樣的收入？你想得到什麼福利？為了得到這些增加的薪水，你可能需要為公司付出更多、在某方面提升你的技能或提供額外的服務。你可能要變得更為主動積極，自動工作，在人們提出要求之前，就設想和滿足他們的需求，盡力做好一切。

如果你已經做到這些，而仍然沒有得到你覺得應得的報酬，下決心你會得到，在日曆上標出你想要收到加薪的日期。不要等待別人把錢給你，這樣就把你的命運交到別人的手上。如果你確定無法在現有的工作上得到你要的報酬，要願意更換工作。賺到你值得的價值會增加你的活力和喜悅感受，這將是對你周圍的人而言的一份好禮物。

最重要的回報之一，明白你在為社會做出有意義的貢獻，你在幫助人們創造更好的生活。許多人選擇投入賺錢較少卻有機會幫助世界更美好的工作。如果你做的是社區服務的工作，或選擇投入較不賺錢的工作，你可能收到的是比其他賺錢的工作更大的非金錢收益。

當你對周圍的世界做出有意義的貢獻，那些回送給你的能量將勝於金錢的回饋，因為它讓你的靈性成長，心門打開，慈悲增加，並活出珍貴有益的人生。在這種狀況下，尊重你的價值，意謂著把你的時間花在創造最大效益的地方。你用你所創造出的益處和對社會及人們的生活造成的改變，來衡量你的價值。

你們有些從事心靈諮商或療癒工作的人，對於利用靈性天賦服務而收費，是否是靈性的行為感到懷疑？每個人擁有的才藝都是靈性的天賦——美妙的歌聲、數學天才或寫作能力……農人種植的食物是來自土地的禮物，我們用金錢交換他們的勞力、時間和努力——讓我們能夠用錢買到食物的貢獻。人們付錢來交換你為了貢獻天賦所花的時間、力氣和能量。如果你有每月開銷要支付，你需要人們以金錢的方式支付你。即使你不需要錢，你仍然必須為你的服務要求回報，因為如果人們沒有對你回饋，他們無法完成能量的流動。回報可以很簡單，像是對你的天賦表示感謝，並用它改變自己的生活，或是花一些時間來幫忙你做事。

人們珍惜並尊重我的工作

只把你的工作貢獻給那些懂得珍惜的人。為一個不珍惜你的工作的雇主服務，會破壞你的自信。在換工作以前，問問自己是否相信自己是有價值、值得珍惜的人，你的服務十分重要，然後看看你要從眼前的情況學習什麼。一旦你了解到自己正在學習的課題，以及創造你的現況的信念是什麼，你會找到一個能尊重你的工作，甚至發現你現在的雇主也開始愈來愈尊重你。

如果你的老闆不夠尊重你，你也許會有許多客户或被你服務的人看重你。請衡量是否你為人們創造的好處，比起你在公司不受到足夠的尊重更重要。重點是那些你工作的對象——你的客户、消費者、企業或個人——能夠利用你的服務，為他們的生活帶來好處。如果你沒有收到你覺得應得的收入，又不認為自己的工作能創造有意義的貢獻，那麼你可能需要花些功夫，培養尊重自己的價值和時間的內在品質。

替那些不珍惜你的工作的人服務，會增加你對自我價值的懷疑，切斷你的能量流，阻絕你的豐盛。有一個畫家決定為朋友畫一幅肖像作為禮物。她知道這個朋友的想法很負面，總是抱怨連連而且不快樂。她以為送一幅畫像給這位覺得自己長得不好看的朋友，會對她有所幫助。她想用這幅畫讓她的朋友知道，她實際多麼光芒四射、美麗動人。這幅畫花了她很多的時間和精神，因為她只能在晚上孩子們睡著之後作畫。幾個月後她完成了這幅美麗的畫像，並將它裝框裱褙。

她的朋友用慣常不知感謝的態度來收下這份禮物，她覺得這幅畫一點也不像她，最後決定根本不把它掛出來。她周圍的每個人都很喜歡這幅畫，認為畫得十分傳神，真實地表達了她的美麗。這位畫家沮喪了許多天，甚至不確定是否還要繼續她的藝術工作。幾個月過後，一位朋友打電話給她，想要付錢請她作畫。她幾乎立刻回絕，但是因為這個朋友真的非常喜歡她的畫，她決定再試試看。她完成了畫像，而她的朋友也非常快樂。

畫第一幅畫為她上了一堂很有價值的課，因為她之前曾經懷疑自己的工作價值。她那位負面的朋友把這些內在的懷疑帶到表面，讓她能夠有意識地面對和釋放。她也開始明白自己不必待在那些想法負面、不相信她的人生志業，而剝奪她的自信的人身邊。她發誓只為那些重視和珍惜她的作品的人作畫。那是她職業生涯的轉捩點，因為在這個新的決定之後，她開始得到更滿意的工作與更大筆的佣金。也許你曾經做過不被欣賞的工作，而覺得自己沒有價值。那個經驗或許也是一個轉捩點，讓你開始能夠珍惜你和你的工作，只把你的服務提供給那些能夠珍惜和受用的人。

我總是盡力付出

你們有些人選擇交換服務而非收費。當你決定用這種方式交換，要清楚你的期望是什麼。金錢被創造來讓雙方做平等的交換。你也許會發現，接受金錢的服務比直接做服務的交換來得容易和清楚。以物易物的交換需要愛、雙贏的意願和真心的給與，才能保持能量的流動。

如果你和別人直接交換東西或服務，你會希望找到一種彼此同意的方式，為你們的交換創造清晰和充滿愛的能量流動。如果你真的用不上對方的服務，最好直接拒絕，而不要帶著怨恨或不公平的感覺接受對方的禮物。

如果你真的要接受交換，要毫無保留地給，盡力做最大的付出，並愛你交換回來的東西。如果你事後發現這個交換不公平，也要送給對方感謝和愛，明白當你盡力給出最好的，你讓能量保持了流動。那麼即使它不會從對方身上回來，也將從其他的來源倍增回來給你。

盡力去確定這個交換對彼此有益，能夠增加彼此的力量。你保持正直與誠實的意圖，將源源不絕地倍增你的豐盛。

❖遊戲練習——尊重你的價值

1. 你現在可以做什麼來表示對你的價值更大的尊重？例如：爲不同的人服務或提高你的收費。

2. 從上面事項中挑出一件，畫出你想要體驗的境遇，盡可能仔細而眞實地描繪。

第十九章

喜悅與感謝

金錢具有磁性，它流動並且循環。金錢的流動與循環愈順暢，社會就愈富有。當你把金錢帶進你的生活中，你並沒有創造它，你是連結了早就在那裡的能量流。當你創造財富，你並沒有把財富從別人身上取走；你是變成了金錢流動的一部分，讓金錢的流動流過你。記住，金錢周轉得愈快，人們就愈富有；就像商店的存貨周轉率愈高，生意就愈好。豐盛的榮景，來自給與及接受能自由流動的時候。

我花的每一分錢都讓社會更富有
它將在倍增之後回到我身邊

當你創造金錢，你也花掉它，你購買產品、服務、食物和帶給你喜悅的東西。你的金錢周轉得愈快，你對於社會財富的貢獻也愈大。你送出金錢的感覺愈好，你的錢就變得愈有磁性，付錢帶著慷慨和愉快的感覺。每次你付出的金錢，加大金錢循環的能量流，你讓整個社會更富有。

想像有許多能量從宇宙流向你，每一道都提供一種金錢湧入的方式。每一次你心中懷疑，每一次你討厭付錢，每一次你不相信你的豐盛，你就關閉了其中一道能量流。每一次你帶著喜悅和愛送出金錢，你就開啓一道新的方式，讓宇宙送錢給你。下一次你付錢的時候，想像至少十倍的金錢正在回流給你。想像你的錢正在為收到這筆收入的人或機構帶來豐盛與繁榮。

所有我花用與賺取的金錢都帶給我喜悅

喜悅是增進你的富裕的重要態度。學習用帶來喜悅的方式花錢，即使是很小金額的錢，那麼當你擁有更多的金錢，你會知道如何喜悅地運用它。你想要金錢的目的是讓它帶給你快樂和喜悅。如果你不知道怎麼用增加快樂的方式花掉幾塊錢，那麼花掉幾千塊美金也很難增加你的快樂。從現在起讓你的錢帶給你喜悅，那麼當你擁有的金錢愈多，它帶給你的喜悅就愈大。

想一筆你現在能夠負擔的小額金錢，用不同於平常的方式花掉它。至少想出五種方式，用它去做那些純粹為了好玩、能帶給你喜悅的事。你可以天馬行空，不切實際也無妨，儘量發揮你的創意。有一個人想到買很多小蠟燭把家裡擺滿，然後點亮它們做一段特別的冥想。另外一個人想到把小鈔放進信封，夾在舊車的雨刷下面，表達他對人們的好意和感謝。選一種你覺得好玩的方式，在這個禮拜之內依照這個想法花一筆錢。

如果你花錢時沒有喜悅或愛的感覺，而是出於義務、厭煩、擔心或覺得付不起，那麼你會把自己置身於豐沛的金錢能量流之外。觀察你花錢的態度，記下每一次你花錢的感受，看看什麼時候你覺得愉快，什麼時候不是。想想現在有沒有什麼讓你花錢的事，對你而言是義務而不是喜悅？如果有，不要責怪自己，只要把焦點放在帶給你喜悅的支出就好。當你愈來愈常用帶來喜悅的方式花錢，出於義務的支出就會愈來愈少。

當你買東西的時候，你會送出訊息給潛意識，告訴它你相信自己值得擁有什麼。只買那些你真心想要的東西。買一套穿起來感覺美妙的套裝，而不是因為便宜卻並非真心喜歡的衣服，因為這會告訴你的潛意識，你可以擁有想要的事物，而它會立刻工作為你帶來更多你想要的東西。

與其把焦點放在省錢，而去買那些堪用卻無法讓你興奮的東西，不如去買那些能提供你的心靈、身體、情緒很多愉悅時光的東西。如果你能不花什麼錢就買到喜愛的東西，當然很好——花多少錢不是重點，愛你所買的東西才是。

當你買了那些對你而言意義重大的東西，好好地享受它，像個孩子剛收到期待已久的特別玩具一樣地去把玩它。欣賞你剛擁有的東西，認識它，與它和諧共振，完全了解它。用一天、一個星期、一個月、一年的時間這麼做，直到你和它形成一種完整的關係。加入你的能量，讓你的能量與你新買的東西和諧地交融，這將圓滿你們的關係，讓你感覺更充實、更滿足。

我的周圍充滿能夠反映我的活力與能量的事物

東西具有能量。你能在精細的層次感覺周圍事物的能量，因此只在你的周圍擺上你喜歡並感覺連結的事物。破損或無用的東西讓你的能量混亂。保持周圍事物的修繕完好是明智的，這讓你的周圍展現出秩序與和諧。

有一位女士決定在家裡的車庫進行拍賣，把她和丈夫累積多年但是現在已經不想要的東西出清。她檢查家裡的每一樣東西，只留下那些與她保持完整關係的事物——她欣賞、喜歡和用得上的東西。當她把其他的東西賣掉之後，她感覺難以置信地輕鬆和充滿能量。彷彿某種重擔——一種能量的負擔——從肩上解脫。她比以前更有能量，更正面。只在身邊收存那些你珍惜和欣賞的東西，它們將反應較高的能量給你。

花點時間觀察你的家，你有沒有把一些無用的東西留在身邊？從中挑選一件，釋放它——送給你的朋友、回收或賣了它。當你完成時，你已經騰出空間，讓更好的事物進入你的生活。

我欣賞我原有的樣貌及我擁有的一切

你們一定聽過「常懷感謝心，說謝謝。」什麼是感謝的真正價值？感謝讓你認出自己創造的力量和能力，它把你的焦點放在你所擁有的事物和增加的東西，是一種對自己的提醒，提醒你宇宙有多麼豐盛，而你可以信任它源源不絕的流動。感謝是一種心智的狀態，能為你吸引金錢與豐盛。

把你的潛意識當作一個小孩。你注意過孩子們被稱讚時的反應嗎？他們會努力嘗試，高興得臉色發亮，兩眼有神。每一次你對自己的創造表示感謝，你的內在小孩就綻放光采，願意為你做更多的事。

每一次你說：「這不夠好，你可以做得更好。」那內在小孩就停止工作了。就像被責罵的孩子，你的潛意識會喪失信心和勇氣。欣賞自己並感謝宇宙，可以激勵你的內在孩童，為你在生活中創造更多的好事。

感謝的心會反映在你的態度上，而你的態度可以吸引金錢或拒絕金錢。你也許注意過許多成功的生意人，寫感謝函或送禮物給那些曾經幫助他們的人。為你的豐盛感謝宇宙，在心裡或是大聲地說出謝謝來表達你的感激，這將倍增你的富裕豐盛。

我欣賞自己
我感謝生活的美好

每次你對自己說「謝謝」，你為自己創造事物的能力灌注了信心。開始為每件發生在你生命中的事感謝宇宙，欣賞你已經走了多遠和完成了多少事，你將克服你的恐懼與懷疑。對那些你視為理所當然的事表示感謝——你住的地方、愛你的朋友、桌上的食物等等。不要認為你現在所擁有的不夠好，反之，為它們感謝宇宙。

每一次你體驗喜歡的事物，都可以藉由一個稱為「放大」的過程，在生活中創造更多相同的經驗。例如，你剛剛收到一件想要的東西，而你想要得到更多。你可以停下來，讓擁有的喜悅變得更強烈。去感覺你在身體、情緒、心智中的滿足，然後靜下來想像你正在強化那股能量。想像那些感覺變成一股向上盤旋的能量，從你的心開始，逐漸變得和你的身體一樣大，甚至更大。這麼做，你讓自己的磁力增加，能吸引更多的好事。假裝你的滿足感與快樂感不斷增加，並希望更多好事出現在你的生活中，那是讓好事發生唯一需要的條件。

❖ 遊戲練習——喜悅與感謝

喜悅

1. 列出幾種你可以在生活中增加喜悅的方式。

2. 從中挑選一項，你如何利用金錢爲工具，在這個方面增加你的生活喜悅？

欣賞與感謝

1. 列出至少五件你去年完成並感覺很好的事，它們可以是很大或很小的成就。你可能完成的事比你自己以爲或稱頌的更多。

2. 想出生活中至少五件可以感謝的事。（有一位男士，每晚睡前，在心裡爲當天每一件值得感謝的事列出一張清單，他的財富開始戲劇化地增加。）

3. 想出至少三個你想對他們的支持表達謝意的人。想想你打算要怎麼做，然後去做它。

第二十章 給與和接受

要在生活中創造豐沛的金錢能量流，必須學習自由地給與和接受。你願意接受的能力必須和給與的能力一樣好。你們很多人喜歡送給別人東西，卻很難允許自己接受別人的給與。你的接受讓人們更有力量，因為他們能夠有機會展現自己的豐盛。當人們送給你用得上或是值得欣賞的東西，感覺會很好。如果沒有人接受，就沒有人能給與，這將阻擋創造豐盛所需的能量流。

我開放去接受

請不要認為接受是自私的行為；把它視為能量循環的完成。你愈能開放去接受，你愈能慷慨地給與。接受人們給你的金錢，接受他們給你的方式和內容，用溫暖與優雅的態度這麼做。當你接受別人的金錢時，想像十倍的金錢回到他們身邊。當你投射成功的影像祝福別人，你就增加自己吸引豐盛富足的能力。

用感謝與優雅的態度開放去接受。當你收到百元的鈔票，為它感謝宇宙，別說：「這不夠……」很多人在接受金錢的時候說：「我不知道自己只會得到這麼一點錢，我以為會有更多。」這使得他們收到的比他們拿到的更少，而下次來的錢會更少。如果每次你收到錢的時候，都帶著喜悅和感謝的感覺想像更多的錢會進來，你是創造了更多的方法讓宇宙給你豐盛。

對於任何正直的來源保持開放去接受，並願意得到你想要的事物。人們常常在接受禮物的時候，抱著懷疑的態度，懷疑背後隱藏的條件或是尋找事物的瑕疵。想像你要買一輛二手車。你決定要用你能負擔的最低價錢，創造一輛美好的車子，使用里程數低，車況良好。你清楚你要這輛車的本質是什麼，並開始用磁力吸引它。然後某一天，你發現了這輛符合所有條件的車，售價甚至比想像中的還低。結果你愣住了，你並不為它的完美感到興奮愉快，有些人反而會懷疑哪裡不對勁！相信你有能力創造完美的事物；肯定你有力量創造你想要的東西。你對實現的過程愈熟悉，你會愈容易收到許多看起來太美好而超乎真實的東西，所以，享受你的創造吧！

對於任何正直的來源保持開放去接受

某個電視台曾經做過這麼一個實驗，他們雇人站在紐約市的街頭發二十元的美金現鈔。結果令人驚訝：只有十分之一的人願意拿錢。人們的反應不一，從完全逃避到表示：「我不會買任何東西，別對我耍花招。」有一個人拿了錢之後滿臉狐疑地聳聳肩離開。確定你會從任何宇宙用得上的管道得到錢，那麼宇宙就會找到更多的方法送錢給你。當然，如果有人試圖收買你的友誼，或是金錢附帶你不喜歡的條件，那麼就別接受。接受任何人們樂於給你的金錢，你愈能開放去接受，宇宙就愈容易給你。

想想你讓金錢流入的所有來源，例如：工作、投資、父母的贈與、獎學金……你還可以從什麼管道得到收入？包括那些看似不可能的方式，像是匿名支票、銀行通知你帳户裡有比預期更多的錢、出乎意料的還款……你可以極盡可能的想像。然後自問：「我準備好要從新的來源接受金錢了嗎？」如果答案是肯定的，要求宇宙在未來的數週從新的管道送錢給你。當它來臨時要樂意認出它，並且恭喜自己能用新的方式接受豐盛。

有時候直接得到你要的事物，比創造金錢然後得到它更容易。想幾件你想要但還沒有得到的東西。不必創造金錢去得到它，決定把焦點放在擁有它，並讓它以任何可能的方式出現，然後跟隨你的內在指引。假設你想要一輛腳踏車。當你把焦點放在腳踏車，也許你會發現剛好有一位朋友或朋友的朋友，能夠借給你一輛車；或是要求你在他離開的期間，保管這輛車。與其認為你必須先吸引金錢，才能擁有你想要的東西，有時候直接得到那樣東西反而更快。

我送給別人的東西都是送給自己的禮物

給與是接受的重要部分。你用什麼方式去給與，宇宙也就用什麼方式給與你。送給別人金錢或其他的事物，其實是送給自己禮物，因為這在你的生活創造了能量的循環，而能量的循環愈快，你便愈富有。有一個人很喜歡在街上丟銅板，因為小孩子會撿到。他知道孩子們會以為那是他們的幸運日，因為錢從天上掉下來。不久之後，他成為一個房地產的開發商。當他想要投資一些開發計畫時，錢來得很容易，就像是從天上掉下來的幸運一樣。

宇宙有一條定律，想得到什麼必須付出什麼。如果有什麼你想要的東西，你可以問自己：「我需要付出什麼才能得到它？」每樣東西都有代價。如果你想要金錢，它的代價可能是行動、正確的態度或計畫。永遠有些事情可以去做而讓你得到想要的東西。如果你想要更有錢，你必須在生活中給出某些能帶來金錢的事物，包括你的天賦、技巧、時間和能量。

如果你覺得生活不夠豐盛，想一個你能夠送他禮物的人。送人們喜歡和有用的東西，會給你某種人間最美妙的感受。給與確認了你的豐盛，幫助你感覺富足成功，給與讓你強壯。想一件你可以送人的東西，能對他（她）提供立即的幫助，送給一個你認識的人。定好一個約會來做這件事，你會發現宇宙也用同樣的方式來回應你。

我送出的每樣禮物都能服務並激勵別人

當你無償並慷慨地送東西給別人時，你也會希望用一種真正能夠服務人們更高益處的方式來給與。給人們金錢的時候，要清楚你給錢的目的是為了創造他們的豐盛成功，而不是一再解救他們脫離困境。把你的錢或禮物給那些會在他們的生活中創造正面改變的人。當你看見人們因為他們真正的本質，規劃具體的計畫在世界上實現某些事物的時候，就是適合支持他們的時機。為了幫助人們達到他們的更高的目的和途徑而給與。

如果有人一直處於缺錢的狀態，總是創造匱乏，你的給與便只能解一時之困，而妨礙他們為自己的生活負責。人們在生活中創造匱乏，是為了學習特定的功課。如果你發現你給與的金錢或事物，沒有讓人們的生活獲得改善，那麼就是重新檢視你的給與的時機。你也許正在剝奪他們從匱乏經驗中得到的成長。

也許有人要求你幫助金錢，你的拒絕讓他感到絕望，於是就想辦法渡過難關，找到工作，生活得比以前更好。很多時候，人們創造匱乏或不足的感覺，是為了創造改變的動機。拯救人們脫離他們的危機，可能只會造成倚賴，而你發現他們會一而再、再而三地創造相同的情況。

幫助人們接觸他們的內在力量，或是教導他們解決問題的方法，比給他們金錢更有貢獻。花些時間和他們在一起，幫助他們找到問題的解決之道，這使他們變得更強壯，具有掌握生活的能力。當你教導人們新的方法、技巧或工具，讓他們學會並應用於未來的生活，你是在給他們力量。

如果你的生活中有人遭受金錢上的困難，你覺得必須解救他，記住你是在否定他的力量。他們內在擁有和你相同的力量，能夠像你一樣創造豐盛。幫助他們發現那個力量，你是送給他們世上最美妙的一種禮物——自我滿足。當然，對於某些人而言，及時的一餐飯、一個睡覺的地方、幾件保暖的衣物……並非拯救，而是必要的幫忙，支持他們的成長。你可以從內在的感受來分辨兩者的差別，如果你確實在幫助人們獲得力量，你的付出會讓你感覺提升與喜悅。

我送給他人的東西，都能彰顯並認出他人的價值

送出那些你給得很愉快的東西；別因為義務或被迫而給錢。任何沉重的感覺，都表示這個給與不會為對方帶來最高的益處。有些父母覺得有義務持續幫助

孩子，即使在他們已經成年而能夠自立之後。可能有必要在適當時機對他們的金錢需求說：「不！」你的「不」比一個不愉快的「好！」更充滿愛。

有位男士的弟弟一直付不起房租，他一直替弟弟付錢，但是事情似乎沒有什麼改變。最後，他決定拒絕再給他弟弟錢，他知道他的弟弟必須學習解決自己的基本問題。他明白只是給錢，並不能教會弟弟如何照顧自己，他和弟弟一起研究，幫他找出什麼是他想謀生的工作，並且買指導求職的書給他。

不久之後，他的弟弟得到一個足夠負擔房租的工作，並開始上夜校學電腦，因為他發現操作電腦是他喜歡做的事。然而因為學校並沒有足夠的電腦讓他可以隨時練習，所以他問哥哥是否能夠借錢給他買電腦。他借給弟弟這筆錢。因為這台電腦會幫助他的弟弟更豐盛。後來，他的弟弟擁有自己的電腦生意，並且經營得相當成功。

記得送給別人願意接受的禮物；並非所有的禮物都適當。例如送寵物給一個小朋友，可能會要讓他忙碌的父母親花費太多照顧的心力。確定你的禮物是接受者能夠接納的形式，是他們真正能用得上的。自由地給，但是給出的東西要能真正地服務你所贈與的對象。

我對自己慷慨大方

學習對自己付出，對於維持豐盛能量很重要。如果你無法為自己付出，能量會產生阻礙，最後你會感覺到。例如，治療師如果總是對別人付出，卻不給自己滋養的時間和做能量的補充，他很可能會耗竭。你可能開始感覺匱乏，而必須花額外大量的時間和補充能量給自己；或者因為工作而感覺在能量上的空虛，以致對自己所做的事情失去熱忱。

常常人們在給與的時候，並沒有對自己給出的事物完全放手，不帶條件地送出你的禮物。如果你送給某人一個禮物，放掉它；如果你對自己送出的東西有所牽掛，就是阻礙更多能量流進你。如果你送走舊衣服，卻一直想著你還能怎麼樣用得上它們，後悔把它們送走，你會阻擋新衣服的到臨，因為你並沒有真正地放掉你的舊衣物。無論何時，當你給與，要確定你給得了無牽掛，因為你愈大方愈給與，你愈容易吸引金錢。

金錢在你把注意力放在你為這個世界付出什麼，而非在意你的工作可以賺多少錢的時候降臨。你盡力做好工作的意願，是你給雇主或客户最好的禮物。帶著合作與愛的精神工作。你為工作背後投入的能量和堅持的意願，比起馬虎行事、缺乏信心、抗拒工作或只求過關的態度，為你贏得更多的金錢。

一位藝術家擔心靠藝術工作無法維生，他對於每個降臨的機會，都以需要花費的成本或能夠賺多少錢來評斷，因而拒絕了好幾個不錯但是似乎賺不了什麼錢的機會。他的錢總是不夠用。他有一個朋友，也是藝術家，相對的，他盡一切所能讓自己成為好藝術家。他去上課，聽從內在的衝動和喜悅，並總是盡力付出。他並沒有把注意力放在他的活動可以賺多少錢，反之，他問自己：「我如何為前來觀賞我的作品的人，提供最好的服務？我能給他們什麼？我想要把握這個機會嗎？我可以做什麼去成為一個最好的藝術家？」

後來他的作品變得很有名，而他也開始過著優渥的生活。他的朋友，總是考量金錢收入而非對人們的服務，結果卻賺錢不多，也無法把他的作品推展出去。評估機會時，考量的是它是否對別人有貢獻，是否屬於你的道路，並帶給你快樂。藉著運用你的特殊技能和天賦，並在你做的任何事上盡力而為，你就會創造金錢。

我盡力在言談與行動中服務別人

盡力服務別人的人，能活出充滿豐盛喜悅的人生。服務意謂著站在別人的立場盡你所能地付出，他們可能是客户、老闆、同事、朋友或你所愛的人。當你出於最高的正直，對世界表現你最好的一面，你就是在服務他人。你不需要成為領袖、世界名人或成就豐功偉業，才能對人類做出重大貢獻。如果你用心做一件事，帶著意圖、意識與愛，你就是在做出最珍貴的奉獻——你為世界添加了光。

有一位銷售人員不明白他的業績為什麼下滑。他仍然喜歡他的工作，對他銷售的產品有信心，而且感覺自己是在完成更高的目的。有一天，他和朋友聊天的時候，突然間明白他已經不再把焦點放在服務與付出，只想著人們能為他帶來什麼好處。他不再把人們視為服務的對象，而是貢獻鈔票的人數。他變得如此專注於賺錢，忘了自己在做服務人群的事業。於是他改變他的態度，把注意力放在如何能為每個人做到最好的服務，而不管是否達成銷售。他把時間花在了解客户、認識他們的需求並真誠地幫助他們，他慷慨地貢獻他的愛、時間和能量，結果他的銷售量急速成長。

你送給別人最偉大的禮物
是你過得很好的生活榜樣

你愈能想著服務他人，你的工作愈偉大、愈充實。當你把焦點放在你的工作如何能把光和喜悅帶給周圍的人，你會發現它也帶給你光和喜悅。服務是你用你所知道最好的方式盡力付出，它意謂著你是個有效率、善解人意和有覺知的人，意謂著你在工作的時候、用喜悅、和諧與合作的態度和周圍的人相處。你的服務總是會以更多的豐盛成功，加倍回來給你。

❖ 遊戲練習——給與和接受

接受

1. 列出所有你想接受的東西，盡你所能清楚地描述它們的形式。

………………………………

………………………………

2. 檢視每一件你想要的東西，問自己是否眞心想接受它？對於每一樣東西你都有相同的答案嗎？

………………………………

………………………………

………………………………

3.選出你最開放接受的幾樣東西，觀察「開放去接受」的感受，它在你的身體、情緒和想法上有什麼感覺嗎？

4.找出你在清單上感覺比較不開放接受的事物。記住開放接受的感覺，把它運作在你的想法、情緒和身體感受上，直到你感覺自己更開放去接受這樣東西。

給與

1.你想給誰什麼東西嗎？仔細地想想，你是因爲他的需要而給，還是爲了他的豐盛成功而給？

2. 如果此刻你感覺你的生活並不豐盛，有什麼你可以送給別人東西，以展現你對自己豐盛成功的信任？如果有，給出它。

第二十一章 清晰與和諧

如果你希望讓金錢流入，請清楚和真實地表達，你想用你的努力和時間來交換什麼。這意謂著你和別人對於你想要付出什麼、去交換什麼，能夠清楚地約定。如果你想在個人和事業的金錢往來中，尋求平順與和諧，你必須釐清你的期望與責任。

我在所有的能量交換中體驗清晰與和諧

如果你想對能量交換或金錢交易的結果感到滿足與快樂，一開始就要針對彼此的承諾、同意事項、投入的時間、花費的努力、執行的義務和投資報酬率清楚地定義。如果你做了某樣投資——定存、新事業、房地產、股票或債券——想清楚你在這個操作中期望得到什麼。舉例而言，你在銀行開存款帳戶時，你和銀行會就利率的計算方式訂定清楚的合約，這可以避免失望和衝突。

人們簽訂契約以確保彼此同意的事項，沒有未言明或隱藏的期望。通常協商契約的內容，對於講求愛與和諧、不喜衝突爭執的人而言，是個清明的過程。當你擁有良好的協議，很少會有問題。把訂定契約當成你和他人釐清想法的機會，仔細地閱讀合約並思考它的文字條款，你同意它們的內容嗎？它們反映你真正的意圖嗎？

重要的是，合約內容必須同時顧及你和對方的權力和利益。在簽字前，如果你對條文的內容不了解或不同意，不必害怕澄清或修改。無論你和別人進行什麼交換，是否為契約行為，要明白你們彼此同意什麼，你愈是清楚，你注入生活的和諧與光明就愈多。你的清晰對你周遭的每個人而言都是禮物。

為了日常生活的互動和朋友明定契約並不實際，但是你可以用同樣的觀念，把清晰帶進你和朋友間的默契中。去想一位朋友，你們之間的默契是什麼？例如，你們多常聯絡？有困難時會互相幫忙嗎？借錢給彼此嗎？你和人們在生活中有許多不曾言明的協議，同意他們有權利優先使用你的時間和能量。當你和朋友對於某些項目的意見不同，或不清楚彼此願意付出什麼，衝突就會發生。在你剛才想到的關係默契中，有沒有什麼地方彼此沒有清楚的協議？花點時間把清晰帶進這些地方，決定你想給的是什麼，以及你希望彼此同意的是什麼。

我對所花的每一分錢都感覺美好

你對自己也有內在協議。例如，你對自己花錢的方式有協議。什麼是你認為可以花錢的事？你允許自己在特定的事上花多少錢？舉例而言，你會這麼說嗎？「我同意花錢買好的食物，不管花多少錢維持好的飲食品質都值得，只要想要就可以。但是花錢買昂貴的衣服，除非有特別重要的場合，否則沒有必要。如果沒有因為任何特別的活動就買了昂貴的衣服，那麼它必須是常常使用的衣物，這樣每次穿它就不會感到花費太貴。」

花一些時間思考你在花錢上的協議。你也許很驚訝自己為金錢設定了這麼多的內在原則（其實你對生活的其他方面也一樣）。你通常會知道何時違反了你的內在協議，因為這時候，花錢會讓你感到罪惡。

和自己約定能創造喜悅、豐盛和清晰的金錢使用協議。如果花錢總是讓你有罪惡感，請你重新檢視你和自己訂定的內在協議，並思考如何改變，因為它們已經不再有用。你可以檢查你的內在協議是否良好，還是全是基於別人的價值觀——你的父母、社會大眾或朋友。和你自己訂定有用的金錢協議。

想一個你花錢之後感覺罪惡的經驗。你違背了什麼關於金錢的內在協議？那是一個對你的生活有好處的協議嗎？遵循這個協議能幫助你更愛自己嗎？例如，有位女士每次買美麗的東西就感到罪惡，於是她了解到自己內在有一個協議是：只能把錢用來買實用的物品，藝術品或畫作這些為環境增添美麗的東西則不行。於是她和自己重新約定：在一定金額內，可以買看起來很美或裝飾用的東西。從此之後，只要在同意的預算範圍內，她買傢飾用品的感覺都很好。

我總是被引導到更高的解答

對於金錢缺乏清晰的協議，會造成人們的衝突，即使兩個相愛的人之間也一樣。如果其中一個人和自己的協議是花多少錢在食物上都可以，並且總是這麼做；另一個人的自我協議是只花有限的金錢在食物上，那麼他們因金錢起衝突的可能性便不小。每個人對於食物的價值觀不同。當人們碰到這種情況，很少能心平氣和地用愛的觀點來討論這些協議，大多時候都直接落入了權力鬥爭的情況。

對很多人而言金錢代表權力，對金錢的支配代表擁有或取得權力，金錢衝突通常繞著權力鬥爭打轉。權力可能才是某人欠你錢不還、你不同意親密愛人花錢的方式，或是你覺得沒有拿到應得的金錢，背後真正的原因。

如果你發現自己和別人正因為金錢而爭吵或疏離，可以用愛來改變這個情況。首先平靜下來，進入你的內在。你也許注意到你感覺胃部或胸腔下方有不舒服的能量，這意謂著你正在和某個有理由或占上風的人正在進行權力鬥爭。在這個層次上抗爭，你沒有贏的機會。

為了改變情況，你可以在能量上運作。進入你的心，從釋放憤怒和傷害開始。送愛給對方，放掉你一定是對的或必須用你的方法進行的需要。你並非放棄你的價值觀或犧牲你的理想，你只是把能量從太陽神經叢（又稱為權力中心）取走，把它移到你的心，一個所有真正解答會出現的地方。

持續這麼做，直到你能愛對方、寬恕對方為止。也許要花幾天或是更久的時間，才能讓你放掉憤怒，開始擁有愛的感覺。在這段時間內，別採取任何行動；不要爭辯、聯絡或做任何除了送給對方愛來清除你們之間的能量以外的事。到了某個點以後，你會覺察到某種變化，你會感覺愛。在心裡告訴對方你拒絕捲入權力鬥爭，當你這麼做，你是把「你輸我贏」的狀況轉變成「雙贏」的局面。

我聽從內在的智慧

當你進入內心尋找答案，你打開了通往新解答的門，讓更高的答案得以出現。釋放這個困難的情況，新的想法會出現，人們會讓步，因為他們會感覺你的能量有所變化而改變自己。用愛的想法傾注給別人，你可以在任何情況創造奇蹟式的改變。

如果有人欠你錢，放掉那金錢，送愛給對方。信任這筆錢會從其他的地方回來，當你真正地放下這筆錢，甚至有可能欠你錢的人會主動歸還這筆借款。拒絕還債常常是為了要保留愛，卻把關係變成了權力鬥爭。如果你拒絕加入這種權力鬥爭，送愛來替代，你創造了改變。一旦你改變你的能量，對方也不得不改變他的能量。

如果你和別人有任何金錢衝突，花些時間去檢視你的金錢協議、價值觀和信念。對方為你帶起這個課題，常常是因為對你們而言，看清楚一些狀況很重要。你在捍衛什麼？你捍衛得最厲害的通常是那些你不太確定的信念和價值觀，因為當你的信念很清楚，你很少會感覺需要捍衛它們。

想一個你最近發生的金錢爭端。有問題的價值觀或信念是什麼？對方捍衛的價值或信念是什麼？這件事的發生，對你們彼此的信念有什麼幫助？同時帶來什麼新的想法或清晰之處，是你也希望自己能夠更清楚的？你有什麼信念或內在協議已經不再有用，而你能認出並放掉它們而獲益？若非你的大我希望你觀察自己的信念、價值觀和內在協議，這種情況不會出現。

衝突也常來自匱乏的信念，認為沒有可能讓每個人都充分地得到滿足。想起一件你最近發生的金錢爭端或小衝突，沒有足夠金錢的恐懼是它發生的部分原因嗎？如果你真心相信宇宙是豐盛的，你能夠擁有想要的一切，這個衝突仍然會發生嗎？確定你並非害怕宇宙無法讓你們都得到滿足而有所衝突。

我總是幫助別人成為贏家

別人贏了我也贏了

雙贏的辦法總是存在。如果你仍然覺得若一個人贏了，則另外一個人必須輸，那麼你尚未到達更高解答出現的地方。更高的解答必然是雙贏，兩方都達成更高的目的。要發現更高的解答，首先必須問自己：「真正的問題是什麼？對我而言擁有什麼最重要？」誠實地問自己你想要的是什麼，你們有所爭執的地方，常常與真正的問題毫不相關，然後一起尋求解答。

不要假設對方在反對你；反之，把他當作幫忙的同伴，為了尋找你們共同的問題解答而出現。永遠假設會有滿足雙方的解答，即使你還沒有發現。把找出讓對方成為贏家的方法設為目標，如此你讓自己有可能成為贏家。

由於許多老的方法已經不再能解決問題，現在是讓新的形式出現的時機。尋找新的方法是你們的挑戰，要願意開放，並保持彈性，相信有一條更高的道路。當它們因為你的愛和意願而出現，你將為人類貢獻一份禮物——解決老問題的新辦法。

❖ 遊戲練習——清楚你的金錢使用原則

1. 你對自己使用金錢的協議是什麼？就你花錢的內容列出一個清單，在每樣事物之後寫下你所遵循的原則（例如：金額限制或是多久可以買一次）。

......

......

......

2. 讓自己放鬆，保持平靜。重新看一次清單上的協議，你會改變哪些協議讓你感覺更加豐盛？重寫你的協議。

......

......

......

第二十二章 擁有金錢

金錢並無好壞，它是能量。金錢的使用方式，決定它是不是利己利人的正面能量。如果你依照最高的誠實來使用金錢，如果你賺錢的方式利益眾人，透過改變他們的意識或透過服務和貢獻，盡力付出，尊重他人，對你所做的事保持專注與意識，你是在對全人類和自己做出貢獻。當你運用金錢的方式能達成你的更高目的，並為自己和人們帶來喜悅，你創造了帶光的金錢。金錢的取用愈是誠實光明，便愈能成為每個人的光明力量。

我生活中的每一個面向都很豐盛

真正的豐盛是擁有執行人生志業所需的一切——工具、資源、生活環境，並活出充滿喜悅和活力的生活。豐盛並非奢靡和光芒四射的生活風格，只為讓人留下印象，或是過著無法真正支持你的活力和人生志業的生活。靈性的真實本質之一是相信真正的豐盛——有很多的時間、愛和能量。

你只能用自己為例子來教導別人。如果你對自己的生活不感覺豐盛，要引導人們過豐盛的生活，就算並非不能，也很困難。你不會想讓自己成為一個為生活掙扎和體驗匱乏的例子。當你擁有足夠的金錢，當金錢豐富了你的人生，人們會以你為例學習豐盛。

大多數的戰爭和衝突來自於匱乏的信念。相信匱乏的人也是那些用盡方法剝削自然環境、浪費星球資源的人。如果你想為地球的和平貢獻心力，從相信你和別人都能過著豐盛的生活開始。

當整個社會開始相信人人都能過得很豐盛，新的發明將出現，提供無限而不造成地球污染與耗損的能量和資源，爆發戰爭的因素將減少很多。這個星球的確有足夠的能量，讓每個人都享受豐盛的生活；如果人類相信所有的人都能很豐盛，它便能被創造出來。從相信每個人都可能擁有豐盛開始吧！

我的豐盛為別人帶來豐盛

有錢是件美好的事。你們有些人對於金錢有罪惡感，特別是看到周圍有人生活於匱乏之中。有些人在完全物質導向的生活學習與成長，有些人在貧困中學習和成長。貧窮並不比較靈性，富有也並不比較優越。如果你擔心有錢不是靈性的行為，回憶一下你有錢的時光，即使只有一點點錢，想想那時候你如何使用你的金錢，也許你更有能力幫助周圍的人。當你感覺豐盛，你會更大方，並且能夠支持別人的豐盛。

對金錢最清晰的人，通常不是那些擁有龐大金錢的人，也不是一文不名的人，而是那些擁有適量金錢的人。有適量金錢的人，不會被太多的財產所拖累，他們的財產能夠服務他們。而不會把最該投入人生志業的時間和能量，用來取得或照顧他們的物質資產。

如果你必須花很多時間照料金錢，太有錢會讓你偏離你的道路；然而沒有錢也會使你偏離你的道路，因為你必須花很多時間和能量來求生存。擁有足夠的金錢來支持生活很重要。如果你沒有足夠的金錢，如果你大多數時間都在擔心你的房租和食物沒有著落，你的時間和能量，便無法用來做那些你到此要完成的偉大志業。

把「富有」定義成：你擁有足夠的財富去完成你的人生志業。你也許並不需要擁有許多物質資產就足夠了。例如，你的人生志業也許是和自然一起工作。那麼你可能住在一間木屋，花少許金錢，就擁有你需要的自然資源去達成你的目的，在這個情況下你很富有。重要的是擁有足夠的錢去做你來此要做的事，而不是有太多錢而讓你無法做你想做的事。擁有足夠的金錢，意謂你能讓夢想付諸行動，轉變你周圍的能量進入更高的秩序。有些人也許需要很多物質方面的事物，來完成他們的人生志業、他們也許需要和一群只在他們擁有財力和權勢時，才會聽他們說話並尊重他們的人一起工作。

物質財產對某些人能提供靈性的體驗，教導他們此生必須學習的功課，就像沒有錢對某些人而言也是偉大的老師一樣。有些人從有錢得到很大的自由和成長；有些人從沒有錢獲得自由與成長。

人們需要多少錢是個別的事；不要批判人們擁有什麼或沒有什麼。有些人也許為了人類未來的益處而累積財富，即使他們現在並沒有這個計畫，也還沒踏上靈性的道路。你無法知道別人的生命道路有什麼更大的目的。不要用人們賺取或擁有多少金錢來衡量他們的成功；而要用他們完成多少人生目的、對生命感到多快樂、是否擁有適量的錢和相信自己，來衡量他們的成功。

每個人的成功造就了我的成功

當你變得愈來愈豐富，你的周圍很可能就聚集許多豐盛成功的人。當你以豐盛的角度思考，你的振動開始改變，你吸引那些有著相同豐盛思想的人。不要因為別人的成功感到嫉妒或威脅。要明白當你靠近一個成功的人，你自己也開始擁有相同的振動，你的成功也不遠了。從現在開始，相信每個人的成功意謂著你會更成功。當你周圍的每一個人都開始成功，你會被成功的振動所包圍，你的成功會更快。當你聽到別人的幸運故事，欣賞他們的成功，知道那確認了你可以獲得同樣的豐盛。

你們許多人認為必須把工作推廣到廣大的人群，或成為該領域的佼佼者才是真的成功。競爭的態度如果能夠幫助你做好你的工作也不壞；不過不要感覺別人在你所做的事情上成功，便會取走你的成功。

你們能有無限的成功，這世界上的每個人都可以成功。明白你有你的獨到之處，你到這裡要做的事有你特別與獨特的地方，不管有多少人從事與你類似的工作。你有競爭的對手或公司嗎？你擔心他們的成功會造成你的損失嗎？花點時間觀想他們達到超過你所想像極致的成功。然後，想像他們的成功會帶給你好處的理由。

要知道在世界上，沒有任何人會用你的方式來做你的工作。即使看起來他們和你做相同的事，他們接觸的人可能不同；即使接觸的人相同，他們工作的方式也可能不同。把焦點放在活出你的潛能上。你以服務對象的需求為優先嗎？你遵循內在訊息嗎？當你這麼做，你會發光，你將擁有你想要的生意和豐盛。享受工作完成的過程，別只為名利和聲望奮鬥。不是第一名，沒有最多的客户、賺最多的錢或完全靠自己完成工作，都無所謂。

別擔心有人竊取你的想法，或做你正在做的事，又做得比你好。當你盡己所知所能，提供最高品質的產品或服務，你必然得到豐厚的報酬。別人在做什麼並不重要，即使有人宣稱你做的事是他的功勞，也不要停止運作高品質的工作、你最終必然獲得報償。就像龜兔賽跑的故事一樣，那個始終如一、穩定不輟地做好工作的人，比起只懂得抄捷徑打擊別人的人，會有更大的豐盛，在世界上留下更好的成績。

如果你正和許多求職者競爭相同的工作，和同業爭取相同的客户，或是希望獲得獎金或資金挹注，不要把自己看成是在和別人競爭。如果那筆錢、那個客户或那份工作是為了你的最高益處，你會得到。永遠要盡力填好你的獎助金申請書、參加面試或做銷售報告，寫信或拜訪那些你的內在訊息指引你去的人，你會找到你的錢或工作。當你得到它，不要擔心你奪走了別人什麼。

宇宙完美而豐盛，別人也會恰好得到對他們而言最適當的事物。你不可能奪走人們什麼，你的機會就是你的，不屬於你的自然會給別人。如果你正和別人競爭些什麼——工作、資金、貸款、獎學金或是公寓——看看你是否能夠放掉你的擔心，並信任對大家最好的結果會發生。相信是你的就是你的；宇宙永遠為你帶來更高的益處。

不要把你的同事或身邊的人當成競爭者，把他們當作朋友；合作比競爭讓你們走得更遠。有一位男士很想在最短時間內，在他的公司晉升為最高主管。他告訴周圍的每一個人他的雄心壯志，並常誇耀自己的工作。他暗中破壞同事的工作，好讓他自己的工作看起來更傑出；也常常把同事的功勞占為己有。公司中的另一位男士只是盡力做好自己的工作，常為同事著想，接手額外的事情，行有餘力便幫主管的忙，用愛心來完成他的工作。結果，第一位男士並未晉升而且很快地忿而辭職，還抱怨公司不懂得欣賞他，而第二位男士後來成為公司的副總裁。

我送出意念

祝福別人擁有更大的豐盛

當你想到別人和自己，想像他們富有、豐盛、成功、美好的樣子。你的想法幫助這些情況成真。當你想到每一個人，想像他們的幸福美好，想像每個人的成功。有時候人們因為總是想到別人遭遇的經濟困難，而讓自己碰上經濟問題，因為你專注什麼就吸引什麼給自己。與其談論人們生活的辛苦，不如送給他們慈悲和光；想像他們能夠脫離困難，體驗豐盛。你所送出的正面影像和愛將倍增並回到你身邊。

有一家商店的老闆，送愛給每一位走進他店裡的人，並想像他們的成功，結果他的業績戲劇性地成長，人們像是被磁力吸引到他的店裡一般。如果你聽見朋友抱怨匱乏，提醒他們想起自己擁有的事物。當你身旁有人談論他們的金錢問題，看看你是否可以改變話題，或是幫助他們去欣賞並感謝他們已經創造的豐盛。

你也許希望贏彩金發大財。想贏，要準備好接受那筆錢。雖然很多人希望中獎，卻並不真的期待會中。贏得彩金的人是必然要贏的人，而且已經處理好自己內在有關「這樣得到錢會不會太容易、太美好，不可能發生」的信念。更重要的是如果贏得這筆錢，會讓你停止追求你的人生志業，你的大我可能不會讓你得逞。贏一大筆錢會產生你意想不到的挑戰。擁有適量的錢很重要，如果一份龐大的意外之財會讓你的生活失去平衡，你的大我很可能會避免它發生。

依照你對意外之財的準備程度，生活中很多事會改變。逐步地取得金錢，以你適應的速度得到它，它就是禮物。你可以平衡而穩定地培養處理更大能量流的能力，在更大的數目出現之前，你有足夠的時間嘗試不同的回應方式。如果你還沒準備好處理更大的金錢卻得到它，你的大我會找到很多方法讓你放掉它。很多人贏得或繼承大筆金錢之後，卻在幾年之內損失或花光它；那是因為他們的能量和那一大筆金錢並不協調。那些能夠保住天降之財的人，通常保留了原來的工作和房屋，而且把錢存起來，慢慢地習慣那個增加的金錢。

你可以買彩券，如果那個過程讓你成長。對很多人而言，彩券提供的是讓他們能夠想像自己豐盛的機會，而那個畫面可以幫助他們以其他的方式吸引豐盛。每一次他們買彩券的時候，他們可能會感覺到中獎的喜悅，而把這種感覺帶進生活，這可能正是他們的靈魂希望他們培養的感覺。想像你的成功也會給你同樣的體驗，想像你擁有你想要的一切，把那個畫面栩栩如生地想像出來。

金錢為我和別人帶來源源不絕的美好

當你有錢，把金錢當成美好的源頭；將它視為潛在的能量，已經被轉換成物質和形式，為了創造你的更高目的。想像你所有的錢——銀行的存款或皮夾中的現鈔，是等待你的命令去為你和人們創造美好的金錢。感謝你的豐盛，並明白你已經學會如何接上宇宙的無限豐盛。你的金錢正等待著為你帶來美滿幸福，讓你和人們生活得更好。

❖ 遊戲練習——盡情夢想

1. 你希望有多少錢可以完全地花在玩樂和享受上？

2. 你希望擁有多少存款？

3. 你希望自己的淨值是多少？

4. 你期望的年收入是多少？

5. 在未來的一、兩年內你希望用錢做什麼？在清單中列出所有你想做的事。

6. 從上一個問題的答案中挑出你最想要的一件事，完成以下的問題。

a. 這件事如何爲你帶來更多的美好，至少列出三種方式。

b. 這件事如何爲人們帶來更多的美好，至少列出三種方式。

第二十三章

存款肯定你的豐盛

即使在負債的情況下，把錢存進帳户對你而言仍有極大的價值。存款指的是現金、可動用的錢或是可贖回的存單。儲蓄帳户對社會的金流有很大的貢獻，因為其中的錢可以流動，而創造更多的財富。當你把錢存進銀行，實際上它被用了很多次，這是你收到利息的原因，利息是你的錢為大家創造財富的報酬。存款是一種資源，能讓你自給自足，也是一種正面的肯定，表示此刻你所擁有的，超過你的需求。

你存下的錢是你需要時立即可用的能量。如果你有積蓄，就不怕受到正常景氣循環的衰退所影響。自然界的生物也應用這個原則；你可以觀察到松鼠存下胡桃來過冬，熊冬眠以節省能量。如果你有存款，便有掌握時機的優勢，把你的存款當作擴大可能性的帳户，為你創造更多選擇與自由。存款讓你更能掌控採購的時機。你想要的東西也許需要大筆金錢，如果你有存款可用，你能夠在想要一樣事物時得到它。

我的存款就像磁鐵可以吸引更多的金錢

你們有些人認為如果把錢存下來，表示對自己在需要時創造金錢的能力缺乏信心。讓我們用不同的觀點來看這件事。你其實一直都在儲存和保留金錢。當你收到執行服務的報酬時，除非你立刻花完它，否則你就是在保留金錢。既然你總是在金錢收入和支出的期間保留它，你需要做的只是在你的收支中保留得比平常多一些。那些你保留下來的錢會像磁鐵一般，吸引更多的金錢。你存下來的錢愈多，你的磁鐵就愈大。

你曾經存下來然後整筆花掉的錢最多有多少？你擁有的最大的存款帳戶有多少錢？許多人在他們快要擁有超越以前的存款時，開始花掉它。為了增加存款，允許你在花錢之後留下比以前更多的錢。當你快要超越過去的存款上限時，留心觀察自己，並在心裡抱持一種打破存款障礙的企圖。僅僅在心中明白這個界限，你就已經成功了一半。

當能量通過你的時候，如果你有意識地讓愈來愈大的金額在你花掉之前累積下來，你可以創造能量盈餘。你不需要一筆財富來開始一個存款戶頭，每個月拿一點錢存下來，五年或十年後，會變成一筆相當大的現金。存錢最大的好處，是讓你習慣愈來愈大的金錢流量和它代表的能量，而這正是你需要的，如果你希望更大的豐盛。

你們有些人希望精通金錢和豐盛的創造，能夠想要什麼就有什麼。這意謂著你能不透過金錢得到想要的事物，或學會即時為大型採購吸引大筆金錢。要做到這樣，你需要成為一位可以吸引穩定能量流（支付日常所需）和巨大能量波（應付大型採購）的大師。如果你喜歡當下創造，你必須能調整自己的能量，適應各層次變動不居的能量流。大多數人只習慣特定範圍的穩定能量，讓自己的月收入不多不少恰好固定在某個數目。

一個存款帳户能夠幫助你適應愈來愈大的能量，讓你能處理更大的能量流。一旦你熟悉新層次的能量流，並對更大的能量盈餘感覺舒適，大型採購所需要的大量金錢就能被你輕易地創造。你不需要碰得到你存下來的錢，存款帳户就像一張安全網，在你無法像平常有穩定的金錢吸引能力時保護你。

我的經濟獨立自由

你們很多人希望每天能夠自由自在地做想做的事，不必擔心金錢。你希望經濟自由，有很多方法可以為你創造這種實相。其中之一是發明一些方式，讓你喜歡的事帶給你金錢，讓你為樂趣和娛樂所從事的活動變成你的豐盛源頭。你也可以讓自己愈來愈有心想事成的能力，能在需要一樣事物時立刻吸引它。或者你可以變得很有錢，能夠倚靠利息生活。任何方法都是好方法；決定哪一種方法能滿足你想要的本質，然後開始熟悉創造它所需要的技巧。

在你學習那些技巧的期間，開始一個存款帳户，將幫助你親近更大的金流和豐盛的能量。它幫助你積存足夠的能量以在生活中做重大改變，或買預算較高但對你而言十分重要的東西。

不管你的錢是多是少，如果你不相信自己有盈餘，如果你相信自己很窮，你將創造這個景況為真。從相信你值得擁有豐盛開始，用你的存款作為肯定，確認此刻你擁有的比需要的還要豐盛。每當你想到存下來的錢，想想它們將如何被使用，如此為你吸引更多金錢挹注你的存款。

想想你希望自己的存款帳户有多少錢，栩栩如生地想像它為真。觀想存簿中的結餘金額，想像你看見自己把錢存進帳户，感覺你看到存款餘額的喜悅。別把存款當作災難準備或急難救助；否則你會常碰到一些緊急事件而用掉你的存款。把存款視為你的財富指標，當它是正在教你如何處理更大、更豐盛能量的金錢。

我所有的錢都是等著為我的生活創造美好的能量

當你提領存款帳户的錢時，確定你是為了特別的事或深切渴望的事而花用它。這會為你的金錢注入活力，並讓你全部的錢更有磁性。問自己：「我的存款如何為我達成更高目的？」

運用你的存款最有效的方式之一，是用它來增加實現人生志業的能力。你會發現那些富有的人將多餘的金錢投入他們的夢想，如果他們對投資的領域所知不多，會先花錢投資自己。花錢在那些能夠幫助你把工作推展到世界的事情上，可能是書籍、課程、設備、在工作職場適當的服裝，或是整修家裡的房舍以騰出辦公或工作的空間。將你的錢用在人生志業的開創，會為你吸引更多的金錢。如果你已經擁有執行人生志業所需的一切，你可以把錢先存下來，直到適當的用途出現為止。

當你創造超額的金錢收入，有很多方式可以儲存它。你可以保持金錢的流動性以便立即取用，例如把錢放在存款帳戶；你也可以進行比較不流動的投資。如果你正在考慮投資，問自己：「優遊於這項投資的能量流，是我生命道路的一部分和運用時間的最高方式嗎？」存款型的投資，花費你最少的時間和能量，也最不需要觀察和照顧。

將金錢保存在非存款型的投資，會需要你花時間去關心，也要求特定的技術和能力。你必須學習更多有關股市的知識，蒐集資訊，做聯繫，留心每日新聞。

決定你想如何運用你的時間。如果你投資房地產，你必須去學習什麼資產是好的投資。

不要直接把你的錢交給別人，特別是沒有豐盛意識的人。如果你把投資的責任委託給別人，確定他們對自己在做什麼有充分的了解，而你有能力依照自己的標準，監控和評估他們的表現。那是你的錢、你所儲藏的能量，你要對你的投資保持某種警覺，維持與它的能量連結。你儲蓄金錢的方式端賴你是誰、你想做什麼以及你喜歡怎麼運用你的時間。

我所有的錢為我創造豐盛、喜悅和活力

不管你把錢放在哪裡，對它被如何使用保持知覺，常常去查核它。別對你的錢在哪裡毫無知覺，你不會希望把錢放在一個與你的能量不符的地方。如果你開了一個存款帳戶或投資任何計畫，確定用你錢的人有良好的商業背景，並明白金錢的靈性法則與人為規範，缺乏這些知識的人沒有辦法為你做好投資，不管他們的點子有多棒。確定他們對金錢的信念和想法與你一致，你的銀行對你好嗎？它

的能量對你而言感覺對嗎？你的理財人員與你有類似的誠實標準和哲學——例如，讓每個人都是贏家嗎？如果你希望自己的金錢運作良好，這些都很重要。

如果你花很多時間管理你的投資，確定這是你最高的樂趣和人生志業之所在。通常最好的方式，是將多餘的錢放在不需要花你太多能量的安全地方，而把你的時間和金錢投入你的人生志業。最終，你花在人生志業上的時間和金錢，將帶給你更多、更大的報酬。在投入能量讓你的投資反映你的能量，以及把時間花在做貢獻人類的人生志業之間，找到適當的平衡。想想在五年或十年之內你希望在哪裡，把你的投資變成規劃你自己到達那裡的部分計畫。

當你想要投資別人的生意或用金錢支持別人的人生志業，請保持它在本質上是個生意的知覺。很多到達這個豐盛層次的人，發現評估別人的計畫可能會變成一份全職的事業，也許這就是你的人生志業。你最好投資在與你是誰的本質接近一致的事業，而非你不了解的計畫。把錢投資在你了解的事——你的本業或你專精的行業，你運用金錢的想法與你愈緊密相關愈好。

當你擁有經濟獨立，你最大的挑戰將是，尋找最高的方式來運用你的金錢，並發現能在這個星球上創造最多改變和好處的投資方式。你對於在哪裡投資有很多選擇，有很多好的投資能夠榮耀地球、幫助人類並善用你的金錢創造美好。把你的每項投資放在靈魂的光中，不要只看投資的報酬率，要同時評估它為人類和地球增加光明的潛力。確定你知道你的金錢為何而用，而你衷心相信這些事情的意義。如果沒有適合的投資計畫出現，繼續在你感覺舒服的地方保存你的金錢，直到適當的機會出現為止。

我選擇活出豐盛的生活

那些達成最大的財富與服務的人，並非一夕之間成就。他們專注於自己喜愛的事，總是把金錢投入他們的工作，而非他們不熟悉的事。他們沉浸在工作中，始終不輟地穩定追求許多年，即使他們最初的工作並非後來成功的行業。他們獲得許多知識和經驗，尋找並把握出現的機會去教育和擴展自己。他們為自己人生志業的致力奉獻，為他們帶來金錢的豐富收入。

那些不賺錢或無法體驗豐盛的人，通常是那些認為自己必須為不喜歡的事工作的人，直到他們有足夠的錢去做想做的事的人。他們可能會嘗試那些快速致富的投資管道——看起來太美好而不真實，通常也的確如此。通往持久的財富與豐盛的途徑，是去執行你的人生志業，遵循靈性的金錢定律，採取行動前運作能量和磁性吸力，並且過著充滿愛與喜悅的生活。

我們在書中談到，所有讓你成為心想事成的大師所需要的技巧，然而它們就像其他的技能一樣，需要不斷的練習來精通。當你練習，你將學習了解自己以及運作能量的精細工作。當你創造出什麼，即使是些小事，享受你的成功，它代表你的實現技巧是有用的。

不要用你多快得到什麼來評價自己，要用你多因自己所吸引的事物感到滿足來評價。創造豐盛需要你放掉任何相信金錢和事物是難以創造的固有信念，因為它們並非如此。你現在已經準備好去創造你喜愛的生活，做你喜歡的事，並體驗豐盛生活的喜悅。

❖遊戲練習——豐盛法則總覽

以下所列是吸引金錢和拒絕金錢特質的一覽表。閉起眼睛在1到42之間選一個數字，看看該數字所列的特質。在一天之中，注意去開展那項吸引金錢的特質。如果你注意到自己做了拒絕金錢的事，用一個正面和吸引金錢的信念或行動替換它。

吸引金錢的特質	拒絕金錢的特質
1 尊重你的價值和時間	不尊重你的價值和時間
2 自在地給與與接受	吝於給與，亦不開放接受
3 打開你的心	關閉你的心
4 期望最好的會發生	擔心最壞的會發生
5 從你的內心發出	捲入權力鬥爭
6 盡力而爲	抄捷徑、圖便捷

7希望每個人都成功，願意合作	競爭
8專注於如何服事他人	只想著別人可以給自己什麼
9告訴自己如何能夠成功	告訴自己爲何不能成功
10出於最高的誠實	妥協你的價值和理想
11保持知覺和注意力	機械式的自動反應
12讚許他人的成功	對別人的成功感到威脅
13擁抱你的挑戰	選擇安全舒適勝於成長
14釋放事情很容易	容易掛在事情上
15相信永遠不會太遲，爲夢想採取行動	認爲太遲了，輕易放棄
16允許自己成爲想成爲的人和做想做的事	等待別人允許你的行動
17相信你的道路很重要	不相信你的道路
18做喜歡的事來維持生活	爲金錢工作
19不執著，臣服於更高的益處	感覺需要或必須擁有什麼
20用給與讓別人更豐盛	爲別人的需要而給

21優先進行更高目的的活動	拖延更高目的的活動，有空再說
22把自己看成豐盛的源頭	認爲別人是自己的豐盛源頭
23相信豐盛	相信匱乏
24相信自己，自信、自愛	擔心、害怕、懷疑、自我批判
25清楚的意圖與有方向的意志	模糊不清的目標
26跟隨你的喜悅	逼迫你自己，創造許多必須與應該
27在四周放置反映你的活力的事物	保留不再能表達你的活力的用品
28表達感激與謝意	感覺這世界虧欠你
29信任你創造豐盛的能力	擔心經濟的問題
30遵循內在的指引	忽略內在的指引
31尋求雙贏的解答	不在乎別人的勝利
32變成自己的主人	不相信你的內在智慧
33以目的的完成和快樂來衡量豐盛	只用擁有多少錢來衡量豐盛
34享受過程和目標	只爲目的而做

35 清晰的協議	未說明或模糊的期待
36 想想你已經走了多遠	只注意還有多遠要走
37 常常談論豐盛	常常談論問題與缺乏
38 記取過去的成功	記取過去的失敗
39 用擴展、無限制的方式思考	以有限的方式思考
40 思考你如何創造金錢	只想著你如何需要金錢
41 專注於你喜愛和想要的事物	只注意你不想要的東西
42 允許自己擁有	感覺自己不值得

生命潛能出版圖書目錄

心靈成長系列		作者	譯者	定價
ST0101	創造生命的奇蹟	露易絲・賀	黃春華	200
ST0105	小丑的創造藝術	娜吉亞		160
ST0109	冥想的藝術	葛文	蕭順涵	130
ST0111	如何激發自我潛能	山口　彰	鄭清清	170
ST0114	擁舞生命潛能	許宜銘		180
ST0115	做自己的心理醫生	費思特	蔡素芬	180
ST0119	你愛自己嗎？	保羅	蘇晴	250
ST0122	影響你生命的十二原型	皮爾森	張蘭馨	350
ST0124	工作中的人性反思	柯萬	張金興	200
ST0125	平靜安穩	匿名氏	李文英	180
ST0126	豐富年年	波耶特	侯麗煬	280
ST0127	心想事成	葛文	穆怡梅	250
ST0131	沒有你我該怎麼辦？	米勒	許梅芳	130
ST0133	天生我材必有用	米勒＆梅特森	鄧文華	210
ST0136	一個幸福的婚禮	約翰・李	區詠熙	260
ST0137	快樂生活的新好男人	巴希克	陳蒼多	280
ST0138	人際雙贏	艾丹絲＆蘭茲	生命潛能	200
ST0139	通向平靜之路——根絕上癮行為的新認知法則	約瑟夫・貝利	黃春華	180
ST0140	心靈之旅	珍妮佛・詹姆絲	侯麗煬	200
ST0142	理性出發	麥克納	陳蒼多	200
ST0143	向惡言惡語挑戰	詹姆絲	許梅芳	220
ST0144	珍愛	碧提	黃春華	190
ST0145	打開心靈的視野	海瑟頓	鄧文華	320
ST0147	揭開自我之謎	戴安	黃春華	150
ST0148	自我親職——如何做自己的好父母	波拉德	鄧文華	200
ST0149	揮別傷痛	布萊克	喬安	150
ST0151	我該如何幫助你？	高登	高麗娟	200

ST0152	戒癮十二法則	克里夫蘭＆愛莉絲	穆怡梅	180
ST0153	電視心理學	早坂泰次郎＆北林才知		200
ST0154	自我治療在人生的旅程上	羅森	喬安	200
ST0155	快樂是你的選擇	維拉妮卡・雷	陳逸群	250
ST0156	歡暢的每一天	蘇・班德	江孟蓉	180
ST0157	夢境地圖	吉莉安・荷洛薇	陳琇／楊玄璋	200
ST0158	感官復甦工作坊	查爾斯・布魯克		180
ST0159	扭轉心靈危機	克里斯・克藍克	許梅芳	320
ST0160	創痛原是一種福分	貝佛莉・恩格	謝青峰	250
ST0161	與慈悲的宇宙連結	拉姆・達斯＆保羅・高曼	許桂綿	250
ST0163	曼陀羅的創造天地	蘇珊・芬徹	游琬娟	250
ST0165	重塑心靈	許宜銘		250
ST0166	聆聽心靈樂音	馬修	李芸玫	220
ST0167	敞開心靈暗房	提恩・戴唐	陳世玲／吳夢峰	280
ST0168	無為，很好	史提芬・哈里森	于而彥	150
ST0169	心的嘉年華會	拉瑪大師	陳逸群	280
ST0170	釋放焦慮七大祕訣	A.M.瑪修	蕭順涵	160
ST0172	量身訂做潛能體操	蓋兒・克絲&席拉・丹娜	黃志光	220
ST0173	你當然可以生氣	蓋莉・羅塞里尼&馬克・瓦登	謝青峰	200
ST0175	讓心無懼	蘭達・布里登	陳逸群	280
ST0176	心靈舞台	薇薇安・金	陳逸群	280
ST0177	把神祕喝個夠	王靜蓉		250
ST0178	喜悅之道	珊娜雅・羅曼	王季慶	220
ST0179	最高意志的修煉	陶利・柏肯	江孟蓉	220
ST0180	靈魂調色盤	凱西・馬奇歐迪	陳麗芳	320
ST0181	情緒爆發力	麥可・史凱	周晴燕	220
ST0182	立方體的祕密	安妮＆斯羅波登	黃寶敏	260
ST0183	給生活一帖力量—— 現代人的靈性維他命	芭芭拉・伯格	周晴燕	200
ST0184	治療師的懺悔—— 頂尖治療師的失誤個案經驗分享	傑弗瑞・柯特勒＆ 瓊恩・卡森	胡茉玲	280
ST0185	玩出塔羅趣味	M.J.阿芭迪	盧娜	280
ST0186	瑜伽上師最後的十堂課	艾莉絲・克麗斯坦森	林惠瑟	250
ST0187	靈魂占星筆記	瑪格麗特・庫曼	羅孝英／陳惠嬪	250
ST0188	催眠之聲伴隨你（新版）	米爾頓・艾瑞克森&史德奈・羅森	蕭德蘭	320
ST0189	通靈工作坊—— 綻放你內在的直覺力與靈性潛能	金・雀絲妮	許桂綿	280
ST0190	創造金錢（上冊） ——運用磁力彰顯財富的技巧	珊娜雅・羅曼&杜安・派克	沈友娣	200
ST0191	創造金錢（下冊） ——協助你開創人生志業的訣竅	珊娜雅・羅曼&杜安・派克	羅孝英	200

奧修靈性成長系列		作者	譯者	定價
ST6001	成熟——重新看見自己的純真與完整	奧修	黃瓊瑩	280
ST6002	勇氣——在生活中冒險是一種喜悅	奧修	黃瓊瑩	300
ST6003	創造力——釋放內在的力量	奧修	李舒潔	280
ST6004	覺察——品嘗自在合一的佛性滋味	奧修	黃瓊瑩	300
ST6005	直覺——超越邏輯的全新領悟	奧修	沈文玉	280
ST6006	親密——學習信任自己與他人	奧修	陳明堯	250
ST6007	愛、自由與單獨	奧修	黃瓊瑩	300
ST6008	叛逆的靈魂——奧修自傳	奧修(精裝本定價500元)	黃瓊瑩	399
ST6009	存在之詩——藏密教義的終極體驗	奧修	陳明堯	320
ST6010	禪——活出當下的意識	奧修	陳明堯	250
ST6011	瑜伽——提升靈魂的科學	奧修	林妙香	280
ST6012	蘇菲靈性之舞——讓自我死去的藝術	奧修	沈文玉	320
ST6013	道——順隨生命的核心	奧修	沙微塔	300
ST6014	身心平衡——與你的身體和心理對話	奧修(附放鬆靜心CD)	陳明堯	300
ST6015	喜悅——從內在深處湧現的快樂	奧修	陳明堯	280
ST6016	歡慶生死	奧修	黃瓊瑩	300
ST6017	與先哲奇人相遇	奧修	陳明堯	300
ST6018	情緒——釋放你的憤怒、恐懼與嫉妒	奧修(附靜心音樂CD)	沈文玉	250
ST6019	脈輪能量書I ——回歸存在的意識地圖	奧修	沙微塔	250
ST6020	脈輪能量書II ——靈妙體的探索旅程	奧修	沙微塔	250
ST6021	聰明才智——以創意回應當下	奧修	黃瓊瑩	300
ST6022	自由——成為自己的勇氣	奧修	林妙香	280
ST6023	奧修談禪師馬祖道一——空無之鏡	奧修	陳明堯	280
ST6024	靈魂之藥—— 讓身心放鬆的靜心與覺察練習	奧修	陳明堯	250
ST6025	奧修談禪師南泉普願—— 靈性的轉折	奧修	陳明堯	280
ST6026	女性意識—— 女性特質的慶祝與提醒	奧修	沈文玉	220
ST6027	印度，我的愛—— 靈性之旅	奧修（附「寧靜乍現」VCD）	陳明堯	320

健康種子系列		作者	譯者	定價
ST9001	身心合一	肯恩・戴特沃德	邱溫	250
ST9002	同類療法I—健康新抉擇	維登・麥凱博	陳逸群	250
ST9003	同類療法II—改善你的體質	維登・麥凱博	陳逸群	300
ST9004	抗癌策略	安・法瑞＆戴夫・法瑞	江孟蓉	220
ST9005	自我健康催眠	史丹利・費雪	季欣	220
ST9006	肢體療法百科	瑪加・奈思特	邱溫	360
ST9007	21世紀醫療革命:自然醫學	黃俊傑醫師		320
ST9008	靈性按摩	莎加培雅	沙微塔	450
ST9009	新年輕主義	大衛・賴伯克	黃伯慧	300
ST9010	腦力營養策略	史蒂芬・藍格& 詹姆士・席爾	陳麗芳	250
ST9011	飲食防癌	羅伯特・哈瑟瑞	邱溫	280
ST9012	雨林藥草居家療方	蘿西塔・阿維戈& 納丁・愛普斯汀	許桂綿	280
ST9014	呼吸重生療法	凱瑟琳・道林	廖世德	250
ST9015	印加能量療法	阿貝托・維洛多	許桂綿	280
ST9016	讓妳年輕10歲、多活10年	戴維・賴伯克	黃文慧	250
ST9017	身心調癒地圖	黛比・夏比洛	邱溫	320
ST9018	靈性治療的藝術	凱思・雪伍	林妙香	270
ST9019	巴哈花療法，心靈的解藥	大衛・威奈爾	黃寶敏	250
ST9020	解除疼痛—— 疼痛的自救處理方式	克利斯・威爾斯＆ 葛瑞姆・諾恩	陳麗芳	260

心理諮商經典系列		作者	譯者	定價
ST5001	佛洛伊德	麥可・雅各	于而彥	250
ST5002	羅傑斯	伯萊安・索恩	陳逸群	200
ST5003	波爾斯	克拉克森& 邁肯溫	張嘉莉	350
ST5004	伯恩	伊恩・史都華	邱溫	250
ST5005	艾里斯	約瑟夫・顏古拉& 溫蒂・德萊登	陳逸群	280
ST5006	克萊恩	茱麗亞・希格爾	陳逸群	250
ST5007	凱利	費・佛蘭賽拉	廖世德	300
ST5008	貝克	馬裘麗・韋夏	廖世德	300
ST5009	渥爾坡	羅傑・坡本	廖世德	350
ST5010	溫尼考特	麥可・雅各	于而彥、廖世德	320
ST5011	榮格	安・凱斯蒙	廖世德	300
ST5012	莫雷諾	保羅・黑爾& 君兒・黑爾	胡茉玲	250

兩性互動系列		作者	譯者	定價
ST0201	讓愛陪你走一段	漢瑞克斯	蔡易玲	290
ST0202	滄桑後的天真	黃春華		150
ST0203	試婚	吳淡如		180
ST0204	尋找心靈的歸依處	約翰・李	黃春華	130
ST0207	影子配偶	狄妮絲・藍	鄧文華	350
ST0208	你這話是什麼意思？——終結伴侶間的言語傷害	派翠西亞・依凡絲	穆怡梅	220
ST0209	讓婚姻萬歲——愛之外的尊重與協商	貝蒂・卡特等	李文英	360
ST0210	非常親密元素	大衛＆珍・史杜普	謝青峰	280
ST0211	最佳親密戰友	珍・庫索＆黛安・葛拉罕	劉育林	250
ST0212	男人女人2分天下	克莉絲・愛維特	江孟蓉	200
ST0213	堅持原味的愛	賀夫和蓋兒・沛雷德	陳逸群	350
ST0214	背叛單身不後悔 I	哈維爾・漢瑞克斯＆海倫・杭特	李文英	250
ST0215	背叛單身不後悔 II	哈維爾・漢瑞克斯＆海倫・杭特	李文英	250
ST0216	女性智慧宣言	露易絲・賀	蕭順涵	200
ST0217	情投意合溝通法	強納生・羅賓森	游琬娟	240
ST0218	靈慾情色愛	許宜銘		200
ST0219	親愛的，我們別吵了！	蘇珊・奎蓮恩	江孟蓉	250
ST0220	彩翼單飛	雪倫・魏士德・克魯斯	周晴燕	250
ST0222	愛在高潮——跨越關係中的低潮、享受真愛	派特・洛芙	胡茉玲	250
ST0223	男女大不同：如何讓火星男人與金星女人相愛無礙	約翰・葛瑞	蘇晴	280
ST0224	男女大不同：身心健康對策：如何讓火星男人與金星女人活力煥發、甜蜜持久	約翰・葛瑞	許桂綿	320
ST0225	男女大不同：職場輕鬆溝通：如何讓火星男人與金星女人融洽共事、互信互助	約翰・葛瑞	邱溫＆許桂綿	320
ST0226	婚姻診療室：以現實療法破解婚姻難題	蓋瑞・查普曼	陳逸群	250
ST0227	愛的溝通不打烊——讓你的婚姻成為幸福的代名詞	瓊恩・卡森＆唐恩・狄克梅爾	周晴燕	280

心靈成長 ⑨①

創造金錢（下冊）

——協助你開創人生志業的訣竅

原著書名／Creating Money : Keys to Abundance
作　　者／珊娜雅．羅曼（Sanaya Roman）＆杜安．派克（Duane Packer）
譯　　者／羅孝英
總 編 輯／黃寶敏
執行編輯／郎秀慧
行銷經理／陳伯文
發 行 人／許宜銘
出版發行／生命潛能文化事業有限公司
聯絡地址／台北市信義區(110)和平東路3段509巷7弄3號1樓
聯絡電話／(02)2378-3399
傳　　真／(02)2378-0011
E-mail／tgblife@ms27.hinet.net
網　　址／http://www.tgblife.com.tw
郵政劃撥／17073315（戶名：生命潛能文化事業有限公司）
郵購九折，郵資單本50元、2-9本80元、10本以上免郵資

總 經 銷／吳氏圖書有限公司．電話／(02)3234-0036
內文排版／普林特斯資訊有限公司．電話／(02)8226-9696
印　　刷／承峰美術印刷．電話／(02)2225-7055

2005年12月初版
定價：200元

ISBN: 986-7349-21-0

行政院新聞局局版台業字第5435號　如有缺頁、破損，請寄回更換

國家圖書館出版品預行編目資料

創造金錢（下冊）／珊娜雅．羅曼（Sanaya Roman）
&杜安．派克（Duane Packer）著；羅孝英譯. --初版.
--臺北市：生命潛能文化, 2005〔民94〕
面；　公分. --（心靈成長系列；91）
譯自：Creating moeny :keys to abundance
ISBN 986-7349-21-0(平裝)

1. 成功法 2. 金錢心理學

177.2　　　　94022087

讓生命潛能 帶你探索心靈世界的真、善、美
Life Potential Publishing Co., Ltd